U0157218

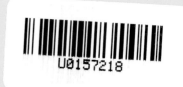

秋

气象中的二十四节气

郑远——著

九州出版社
JIUZHOUPRESS

序言

我们的地球围绕太阳公转的时候，还以大约23.44° 的倾角发生着自转。正是这个自转的倾角，使地球上有了一年四季的变化，使南北半球的季节几乎完全相反，同时，也为我们带来了二十四个节气。二十四节气虽与农时有关，但其本质与日照有关，因此，它与主要参考月亮变化的农历并不匹配，反而与较多参考太阳周期变化的公历日期基本吻合。

一年被分成了二十四个节气，意味着每个节气对应十五六天的时间，似乎有些粗犷。为了更加准确地体现季节变化，这十多天又被分成了上中下三段，每段大约五天，各选取一个代表现象，美其名曰“三候”。古代的一些文人阶层还弄出了对应的“花信风”，为每五天寻找一个代表花卉，流传至今。

不过，花信风一事并不像坊间所传那般起源自南朝宗懔的《荆楚岁时记》，而是源自南宋程大昌的《演繁露》。程大昌在书中摘录了南唐徐锴《岁时记・春日》里的一段话：“三月花开时，风名花信风。初而泛观，则似谓此风来报花之消息耳。按《吕氏春秋》曰：春之德风，风不信则花不成。乃知花信风者，风应花期，其来有信也。”遗憾的是，徐锴的这一著作已经失传，让人难以知晓书中到底还有没有更多的内容。但显然，其与今天所言的花期大不相同，而是指风，乃是风信——清明前后，开花时节的春风。

宋代也确实有了“二十四番花信”或“二十四番花信风”的说法，但仍无具体所指，如宋末周密有诗云：“禁烟时节燕来初，对此新晴醽一壶。二十四番花信了，不知更有峭寒无。”将二十四番花信风具体化的是明代王逵的《蠡海集》，其从小寒开始，一直写到谷雨，自梅花始，终于楝花，为每个节气配备了三种花，共计二十四种。然而，清代王廷鼎则认为应该将花信覆盖至全年，于是对其进行增删，平衡四季，每月取两信，十二个月也凑出了二十四种花，但王廷鼎的观点并未产生太大影响。目前所说的二十四番花信风，主要是指王逵所归纳的春季植物开花的物候。

有人认为，二十四番花信风反映了植物的光周期现象。这一说法不能说没有道理，一年中日照长短的变化，确实会影响植物开花的时令，一些人工栽培花卉也会通过调整每日的光照时间来诱导植物反季节开花。但二十四番花信风的问题在于，五天一候的方式太过机械、死板，在不考虑地理位置的前提下，往往脱离实际。因为尽管在每年的某一时刻，地球在公转轨道中的位置几乎是固定的，日照时间也几乎是固定的，但植物的花期还受到气温、降水等因素影响。古人对这一点也早有察觉，如唐代诗人白居易就有名句“人间四月芳菲尽，山寺桃花始盛开”，指出了不同海拔下植物花期的显著差异。

关于二十四番花信风，著名气象学家竺可桢先生等人则说得更加不客气，在《物候学》一书中他们这样写道：“花信风的编制是我国南方士大夫好闲阶级的一种游戏作品，既不根据于实践，也无科学价值的东西。”这也表明将五天作为一信的分隔缺乏科学性，至少一来过于追求精确，二来无视地理气候差异，不能作为一种物候学的指导方法。正确的观念应该是在一定时间范围内、在特定地理条件下来研究物候。

正因如此，这套书所记录的物候现象其实是参考了传统文化，作为科学和人文的结合，只是和时令大致对应，具体情况还需要看具体的地理位置和当年的气候情况。作者在编著本书时格外注意这一情况，书中多次强调了物候在时间和地理上可能出现的不匹配。这套书不仅收录了王逵的二十四番花信，还尝试为其他节气也配置了三种开花植物，并全部在正文中标明了它们的真实花期——比五天要长得多，但你确实在相应的时间更容易在我国遇到这些植物盛开花朵。

因此，这套书其实是试图在物候学和传统文化中寻找一种平衡，抓住这个特点，你就会发现它其实很有意思，值得一读。

开卷有益，望您有所收获！

中国科普作家协会会员、物种网站长 冉浩

目录

秋

立秋

秋，揪也，物于此而揪敛。

第一部分

气象特征

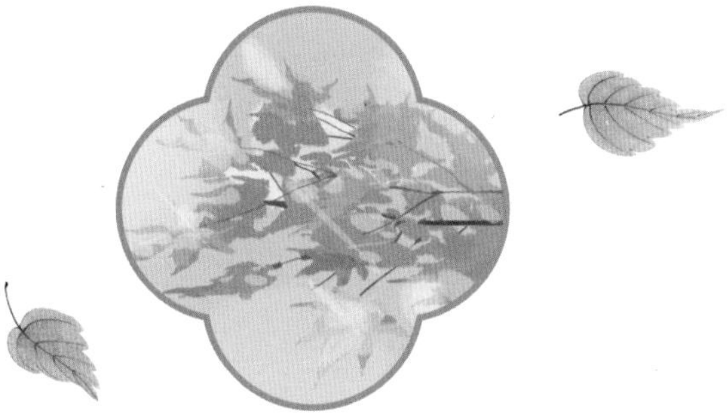

当太阳到达黄经 135 度时，立秋节气也就到了。

这是二十四节气中的第十三个节气，也代表季节开始之意，从字面意思上看，立秋指秋天从此开始。不过，这里的“秋天”和现代气象学意义上的秋季关系不大，和农时、物候有一点联系，更多的是天文意义上的秋天。俗语说的“一层秋雨一层凉”，就代表立秋之后，凉风开始逐渐入侵我国，冷空气越来越多，夏季生长的作物要进入成熟乃至收获的季节，譬如水稻等。

立秋节气在每年的 8 月 8 日前后，和其他三个以“立”为开头的节气相比，立秋最“名不符实”。立春时的春意盎然，立夏时的暑气乍起，立冬时的阵阵寒风，尽管数据上和现代气象学有些差异，但多数人是可以感受到的。然而，立秋时的数据不仅与现代气象学存在差异，人们也感受不到秋的意境，但秋的种子已经在太阳直射点的位移中埋下。

立秋阳光

立秋节气，最重要的就是它的天文意义。立秋时，太阳直射点退回北纬16度，也就是我国西沙群岛附近的南海海面附近，和立夏时相似。因此一方面，太阳热量确实在减少；但另一方面，立秋时仍然是刺眼炎热的“骄阳”。

然而和立夏不同的是，立秋时我国大陆、海域刚刚经受过最毒辣的阳光照射，水汽大规模北上到华北、东北甚至西伯利亚，大陆和海洋的热量储备非常大。由于地表储热的关系，立秋时的气温和湿度都比立夏时高得多，甚至不输小暑、大暑。在这样的情况下，立秋时的阳光仍然非常刺眼，容易灼伤皮肤，是一年中的盛期。

立秋的意义在于，它告诉我们日照在减少，很快就会到达让地面温度下降的临界值。

立秋非秋

立秋前后，我国地表和海洋储存的热量仍在巅峰值附近，此时太平洋直射点依旧在我国陆地南端，日照时间还是很长，所以立秋时仍然是一派盛夏景象，是最与名不符的节气，可谓“立秋非秋”。因此，立秋节气算不上秋季的开始，并非真正入秋。

立秋时，正是我们常说的“三伏天”的中伏。所谓“热在三伏，冷在三九”，伏天一直是热的象征，中伏正是伏天如日中天的状态，上接大暑节气，怎么能指望天气突然凉下来呢？气象数据就能说明问题：在立秋前后，除青藏高原等高海拔地区外，我国不论南北都非常容易出现高温天气，尤其是南方，全年之中的最高气温，很可能出现在立秋前后。

和陆地相比，我国海洋的变化就更不像秋天了：海水温度不仅没有下降，还在继续上升，很快将在8月中下旬达到一年之中最高，暖水范围也将达到一年之中最广。这是因为和大陆相比，海洋的热容量更大，对太阳辐射能量的吸收、储存时间都比陆地要长得多。因此，立秋前后正是海洋能量的巅峰期，而且还未到最高值。

当然，在新疆、内蒙古、黑龙江北部和青藏高原，立秋节气时气温已经开始明显下降，有时候可以降到10℃以下，高海拔地区偶尔还会出现雨夹雪。高纬度和高原地区是对太阳辐射最敏感、滞后性最小的地区，立秋时日照和太阳直射点的微妙变化，尽在它们的反应之中。从这个意义上说，这才是立秋该有的效果。

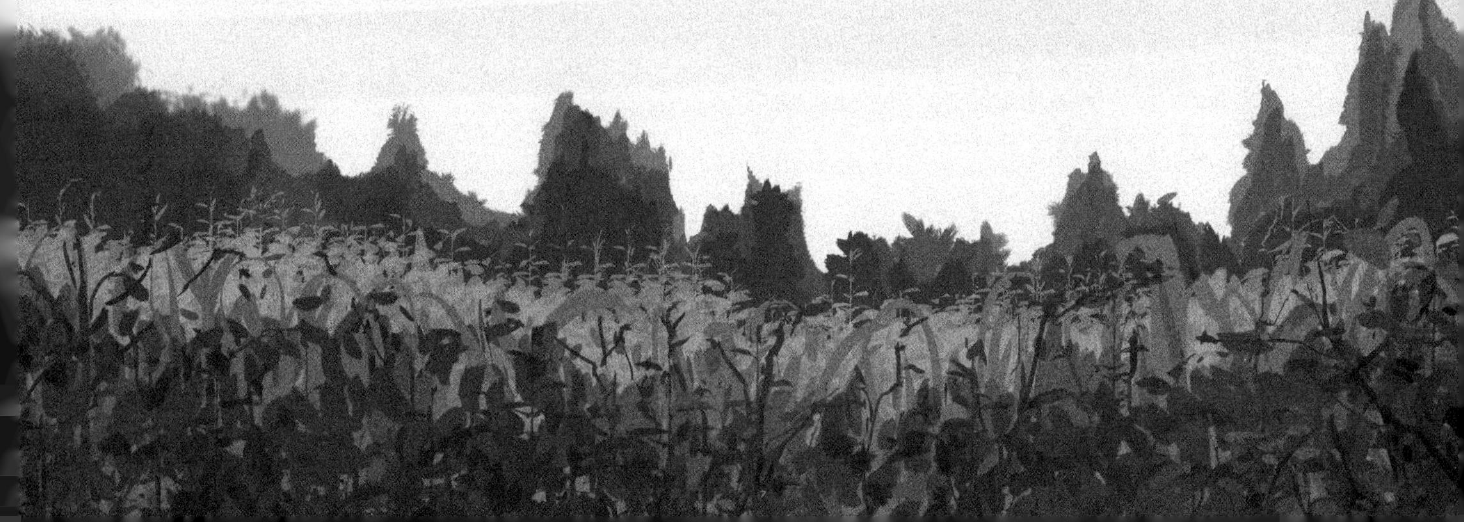

立秋气团

立秋时，我国大陆上仍然是暖气团占绝对主导，其中分为两派，一派为干燥的大陆干热气团，另一派为湿润的夏季风气团。正如我们在之前的节气中介绍的，干热气团的来源有两处：一处是西南的崇山峻岭，一处是西北的荒漠戈壁。夏季风气团的来源也分两处，按照风向，分别是来自南海和印度洋的西南季风，还有来自太平洋的东南季风。

不过和小暑、大暑相比，立秋时已经有冷气团活动了，虽然还很微弱。其中，西伯利亚冷涡偶尔会南下到新疆的阿尔泰山地区，以及东北的大兴安岭、小兴安岭甚至长白山地区，带来一些降温；青藏高原腹地的高空冷气团也会下降，有时候会给祁连山区、湟水谷地带来降温和降水。不过，立秋时的冷气团还是非常弱的，基本上无法越过长城来到关内。

立秋风雨

立秋时节正是我国的降雨盛期，也就是所谓的“七下八上”主汛期。这段时间，副热带高压到达一年之中的最北端，常常联合大陆暖高压、青藏高压控制我国长江和黄河中下游。这时，我国的主雨带就在华北、东北和四川，有时还会深入到陕甘宁甚至内蒙古。与此同时，副热带高压南侧的热带云团也会涌上大陆，给华南、福建带来台风雨和热带云团降雨。但也有时候，副热带高压阶段性撤退、崩溃，这样一来，成型的雨带被打散，全国各地都有可能出现暴雨。

给这些暴雨供应水汽的，当然是两支夏季风：西南季风和东南季风。其中，西南季风来自南海和印度洋，水汽最为丰富，温度最高，因此力道十足，能穿过南方的崇山峻岭，直达北方制造暴雨；而东南季风的水量和热度虽然小一点，但乘着副热带高压东风的翅膀，局部雨量有时候甚至超过北方主雨带。东南季风和西南季风集合起来，往往会形成台风或台风胚胎，此时，我国东南沿海就会有大范围的狂风暴雨。立秋前后，正是我国台风活动非常活跃的时期。

立秋典型天气

高温

立秋时虽然太阳直射点继续向南移动，太阳辐射的减少也到了临界值，但由于大陆和海洋有一定的热容量，储存了小暑和大暑节气中的大量热量，因此立秋时仍然经常出现高温天气，且不分南北。2013年立秋当天，长江中下游遭遇大范围酷热天气，其中江苏、浙江、上海的多个地方打破高温历史纪录。

暴雨

立秋时的暴雨分三种，第一种是北方主雨带中的暴雨，第二种是南方东风雨带中的暴雨，第三种是台风暴雨。如2013年，东亚主雨带偏北，东北地区一直暴雨连连，降水偏多。黑龙江干流水位不断上涨，使俄罗斯远东城市伯力遭遇洪水威胁。再如同年立秋后，在太平洋东风波的影响下，浙江东部出现了范围很小的特大暴雨，宁波、绍兴局地的雨量超过300毫米。

台风

立秋时，副热带高压仍在全年最高位，太平洋海温还在继续上升，我国近海的海水温度很高，各方面条件都适合台风的发生和发展，我国处在台风登陆的高峰期。台风来我国时，东南季风和西南季风以台风为中心风云际会，常常带来巨量水汽和狂风暴雨。如2004年立秋后，台风云娜袭击浙江台州，最大雨量超过800毫米，最大风力达到17级。

小范围冷空气

立秋时，冷空气虽然还是弱势，但也登上我国陆地了，当然范围很小。具体来说，就是黑龙江和内蒙古的“三河”，漠河、图里河、根河，已经开始出现20℃以下气温，大小兴安岭、长白山、青藏高原高山地区的温度开始下降，新疆北部、青海的草原开始变黄。所谓一叶知秋，边陲高海拔之地的微妙变化，说明秋天在慢慢靠近。

第二部分

立秋三候

初候，凉风至。

二候，白露降。

三候，寒蝉鸣。

初候，凉风至。

《月令七十二候集解》记载道：“西方凄清之风曰凉风，温变而凉气始肃也。”也就是说，这个时候的风已经不是夏天的热风了，天气开始呈现降温的趋势。“西方凄清之风”说的就是冬季风，一般来自西北，所以是西方之风。不过，这只是趋势，而非现实，事实上立秋时的风基本上都还是热风。

二候，白露降。

古书记载：“大雨之后，清凉风来，而天气下降茫茫而白者，尚未凝珠，故曰白露降，示秋金之白色也。” 说得直白一点，早晨出现白茫茫的雾气，但因为地温还比较高，不能结成露珠，但已经有白露的样子了。这不仅是白露节气的预告，也是秋天的预告。

三候，寒蝉鸣。

秋天感阴而鸣的寒蝉，开始鸣叫了。这是以动物拟天，寒蝉的叫声释放出秋将来到的信号，说明天气真的开始变冷了。不过在有些年份立秋时，大声鸣叫的不是寒蝉，而是夏蝉。

第三部分

节气习俗

立秋

[元] 方回

暑赦如闻降德音，一凉欢喜万人心。
虽然未便梧桐落，终是相将蟋蟀吟。
初夜银河正牛女，诘朝红日尾箕参。
朝廷欲觅玄真子，蟹舍渔蓑烟雨深。

迎秋

立秋，又是一个以“立”开头的节气。为了迎接秋天的到来，这日要举行由皇帝主祭的国家祭祀大典。周代时，皇帝亲率三公、九卿、诸侯、大夫到西郊迎秋，祭祀司秋之神蓐收。蓐收是古代神话传说中的西方神明，左耳挂着蛇，坐骑为两条飞龙，掌管秋收冬藏之事。落叶是人们对秋天最直观的感受，“一叶落知天下秋”。宋时，立秋这天时辰一到，太史官要高声奏报：“秋来了！”宫人同时把院中盆栽的梧桐搬往殿内，此时最好有梧桐叶落下，如若没有，也要轻轻摇落一两片，帮助梧桐完成“报秋”的职责。

戴楸叶

除了梧桐叶，楸叶也常被用来寓秋。楸叶，就是楸树的叶子，前端是尖的，呈大大的心形。唐代长安城在立秋这天，有小贩沿街叫卖楸叶。宋代延续唐时的习俗，《东京梦华录》中记载：“立秋日，满街卖楸叶，妇女儿童辈，皆剪成花样戴之。”不仅妇女、儿童把精心修剪过的楸叶插在衣服上或发髻间，也有男子佩戴楸叶，总之，人人都希望这秋意能在自己身上停留片刻。自唐宋起的古老习俗一直流传下来，如今在一些地方的乡村，人们还用楸树的叶子和枝条编织成帽子，戴在暑气尚存的立秋时节。

七夕节

立秋前后恰逢农历七月初七，这天是牛郎织女鹊桥相会的日子，也就是七夕节。七夕节又称“乞巧节”，是女孩儿们拜祭织女、祈愿心灵手巧的节日。据说，小女孩儿头上顶块红布，傍晚躲到葡萄架下，就能听到牛郎和织女见面时的相思话。七夕当天上午，女孩儿们会玩“丢针验巧”的游戏。放一碗水到太阳底下，待水面晒出一层薄膜时，把平时用的绣花针丢进水里。针浮在水面上，在水底投下针影。如果影子看上去像彩云、花头、鸟兽、剪刀等形状，就表示针的主人是位巧手的姑娘；如果影子粗如棰、细如丝或直如轴蜡，就预示这可能是位“笨手笨脚”的姑娘。

晒秋

晒秋，是立秋里最有成就感的习俗，因为这天要晒的，是丰收的累累硕果。在湖南、江西、安徽等地的山区，古老的村庄傍山而建，房屋依地形高高低低地错落在半山坡上。秋季，大量的农作物需要晾晒贮存，由于没有宽阔平坦的空地可供使用，村民们只好在自家房屋的窗台、屋顶上搭起长架子，上面晾满瓜果蔬菜。圆圆的晒扁铺满晒架，直径最大的能有一米多长，盛放着红彤彤的辣椒、黄澄澄的南瓜片、翠绿绿的豆角。从远处眺望，犹如装满秋色的调色盘，画出丰收的喜悦和富足的生活，成为秋日里独特的景致。

第四部分

花开时节

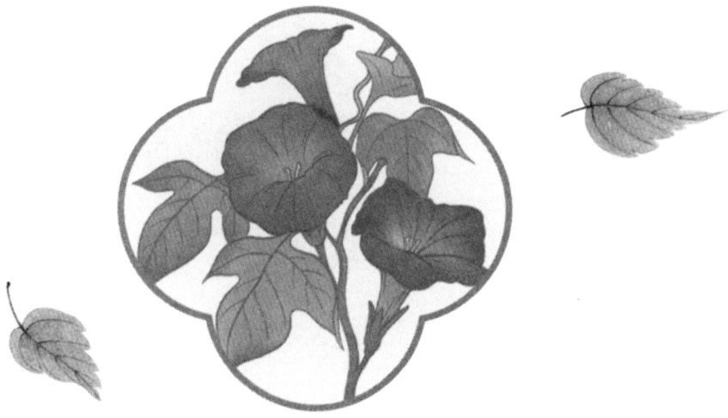

牵牛花

［宋］陈宗远

绿蔓如藤不用栽，淡青花绕竹篱开。
披衣向晓还堪爱，忽见晴蜓带露来。

牵牛

牵牛是一年生缠绕草本植物，花期在7月到9月。日本人喜欢把牵牛花称为“朝颜”，每天清晨，都会有几朵小喇叭状的花朵迎着朝日绽放开来，由于它有早起的好习惯，在我国俗称“勤娘子”。李时珍在《本草纲目》中认为，牵牛花的种子是一种药材，当时人们常牵着牛去市集上换药，久而久之，就把这种植物称作“牵牛”了。然而，浪漫的传说才更衬花的美。痴情的牛郎与织女相望于银河，他化身为天上的牵牛星，也化身为地上的牵牛花。野生牵牛花的花瓣呈现出蓝色，或蓝青色，或蓝紫色，这是因为牛郎身上还穿着织女亲手为他缝制的蓝色布衣。七夕二人相会之日，正是牵牛花开得旺盛之时。

使君子

使君子盛开在每年的6月到9月，穗状花序，一簇簇倒挂着垂在枝叶间，似乎想要摆脱枝条的束缚，迎着风从高空俯冲下来，或轻盈地在半空飞舞。花瓣五片，有变色的特点，初开时为白色，慢慢变为淡粉色，之后颜色不断加深，变成鲜红色、暗红色。一朵花初生时洁白无瑕，开得越久，变得越深沉，这点倒与人生有几分相似。晚秋时节，使君子结出拇指般大小的果实，上面有五条明显的棱线，成熟后外壳为青黑色，里面白色的种仁据传可作药材，据说曾治好刘备儿子的病症，因刘备别称“刘使君”而得名。

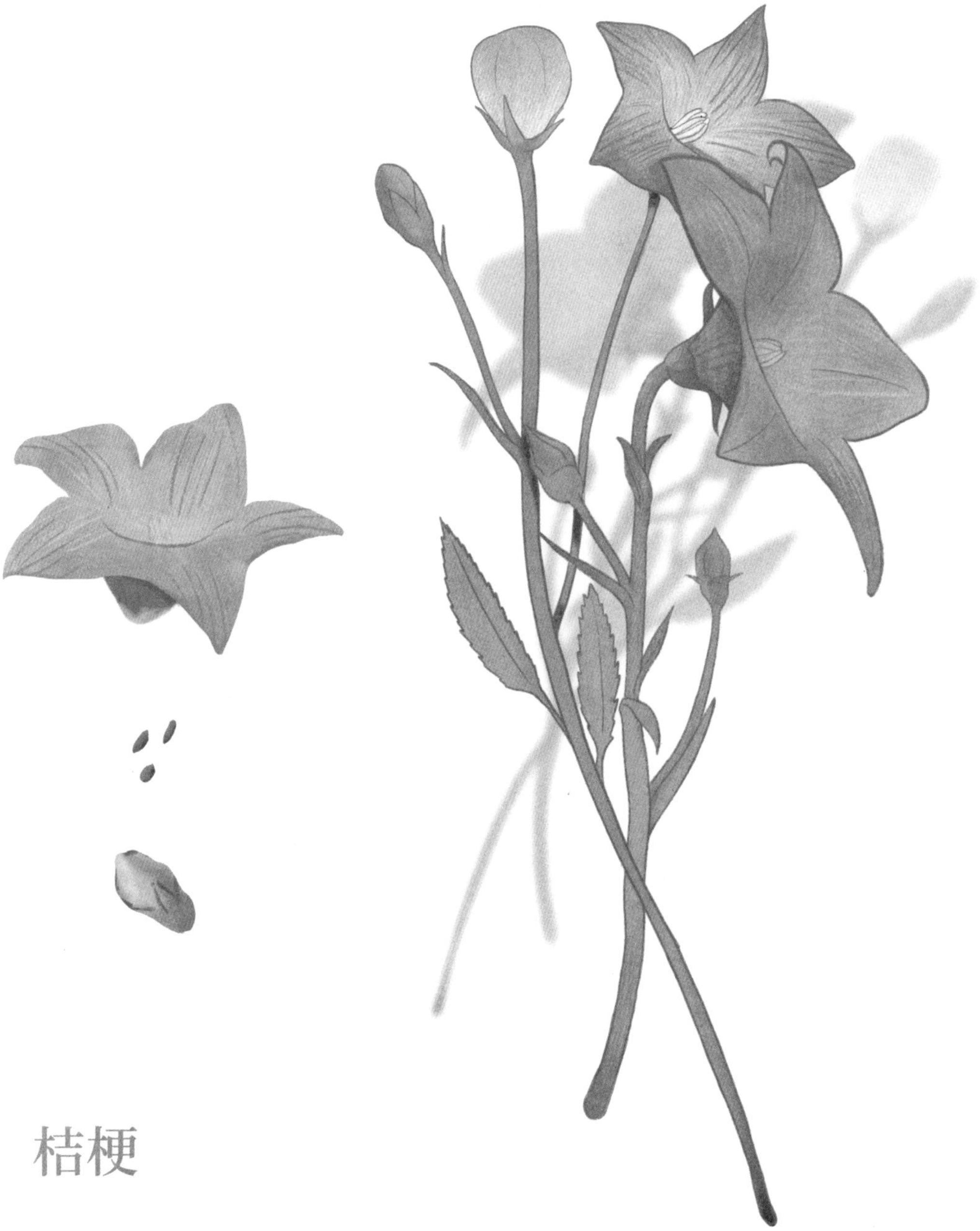

桔梗

李时珍在《本草纲目》中解释桔梗名字的由来："此草之根结实而梗直，故名桔梗。"桔梗的根可作为咸菜的原料，在朝鲜半岛和我国延边地区，人们常用它腌制泡菜。桔梗花生长在茎的顶端，多为蓝色、蓝紫色，偶尔能见到白色，花期在7月到9月。含苞待放时的花蕾十分可爱，胀得大大的，像是小孩子闹脾气时噘着小嘴，气鼓鼓的腮帮子；又像塞得满满的小包袱，马上就要被撑开了，难怪又被叫作"包袱花"。

第五部分

咬住秋天

立春“咬春”，咬的是鲜芽嫩叶，让身体如同新发的嫩芽般生机勃发；立秋“咬秋”，则通常咬的是西瓜、香瓜、甜瓜，又称“啃秋”，以此来庆祝熬过酷暑的煎熬。即使当下依然炎热，吃几口甘甜多汁的西瓜，身体内的暑气也仿佛化为白烟消散，清凉到心坎里。

啃瓜

在我国很多地方，春天和秋天是体感上最舒适的季节，春色满园，秋高气爽，可惜不冷不热的春秋，要比冬夏短暂得多。无论我们怎样挽留，时间终要流逝，古老的“咬春”“咬秋”习俗，让不舍的情感转化成舌尖的滋味，似乎我们只要咬住不放，这美好的时节就会多留些时日。

立春“咬春”，咬的是鲜芽嫩叶，让身体如同新发的嫩芽般生机勃发；立秋“咬秋”，则通常咬的是西瓜、香瓜、甜瓜……又称“啃秋”，以此来庆祝熬过酷暑的煎熬。即使当下依然炎热，吃几口甘甜多汁的西瓜，身体内的暑气也仿佛化为白烟消散，清凉到心坎里。

立秋日，老北京的习俗是早上吃甜瓜，晚上吃西瓜；江苏各地有“立秋吃西瓜不生秋痱子”的说法；清代张焘的《津门杂记·岁时风俗》中记载：“立秋之时食瓜，曰咬秋，可免腹泻。”在上海一些地方，亲友邻里间会相互馈赠西瓜，这天不能吃自家种的瓜，要品尝别人送来的。一来可以增进亲友间的情感，二来通过交流，可以改进种植方法。

说起西瓜，它之所以不叫“东瓜、南瓜、北瓜”，正是因为它由西而来。西瓜的原产地，一般认为是在非洲，后经西域传入我国。五代后晋时期的胡峤曾在契丹做俘虏，获释回国后，他根据在契丹的所见所闻写成《陷虏记》一书，里面第一次出现“西瓜”这个词。大约到了南宋，西瓜才真正传入中原，并被大规模种植。

熟透的西瓜切的时候不需费力，用刀轻轻一压就会咔嚓裂成两半，红彤彤的沙瓤水润润、亮晶晶，历史上许多文人都曾为它赋诗咏叹。南宋政治家、文学家文天祥就作有《西瓜吟》：“千点红樱桃，一团黄水晶；下咽顿除烟火气，入齿便作冰雪声。”同为“吃瓜群众”，吃瓜的境界可完全不一样。

以肉贴膘

北方一些地区立秋这天要“贴秋膘”。很多人都有这样的体验，在炎热的盛夏，坐着不动都有可能冒出一身汗，饭菜做好了，却没有胃口吃，再加上夏天出汗导致水分流失，一个夏天过去，人往往消瘦了不少。

按照现代以瘦为美的审美标准，在保证营养和身体健康的情况下，这种“天然减肥法”似乎还不错。可是在古代，劳动人民日常要从事繁重的体力活，医疗水平也不发达，胖瘦成为评判健康与否的标准。于是，立夏时节“称人”的那杆大木秤又拿了出来，立秋这天再次挂在村口，大家轮流来称，然后和立夏时称的体重比一比，看看是胖了还是瘦了。若是体重变轻，则称“苦夏”，要想办法把身上掉下去的体重补回来，这就叫“贴秋膘”。此时秋风渐起，即使体重没有减轻，好胃口也随着秋风回来了，肚子咕咕叫着要弥补夏天错过的美食，最解馋又见成效的方式当然就是——吃肉。

立秋这天，家家户户都加入了“肉类烹饪大比拼”的行列，炖肉是最为普通的，白切肉、红焖肉、红烧肉、烤肉、肉馅饺子、炖鸡、炖鱼、炖鸭……应有尽有，挡不住的肉香味从厨房打开的窗子里飘散而出。

在二十四节气的食俗里，不仅立秋要“以肉贴膘”，冬季人们为了积蓄能量抵御严寒，也多有“吃肉补冬”的饮食习惯。现在，人们的生活条件与古代相比，早已不能同日而语，但这些食俗依然盛行，除了传承，人们也许更想找个“借口”，能够顺理成章、毫无顾忌地放开吃肉。话虽如此，还是要小心“秋胖”呀。

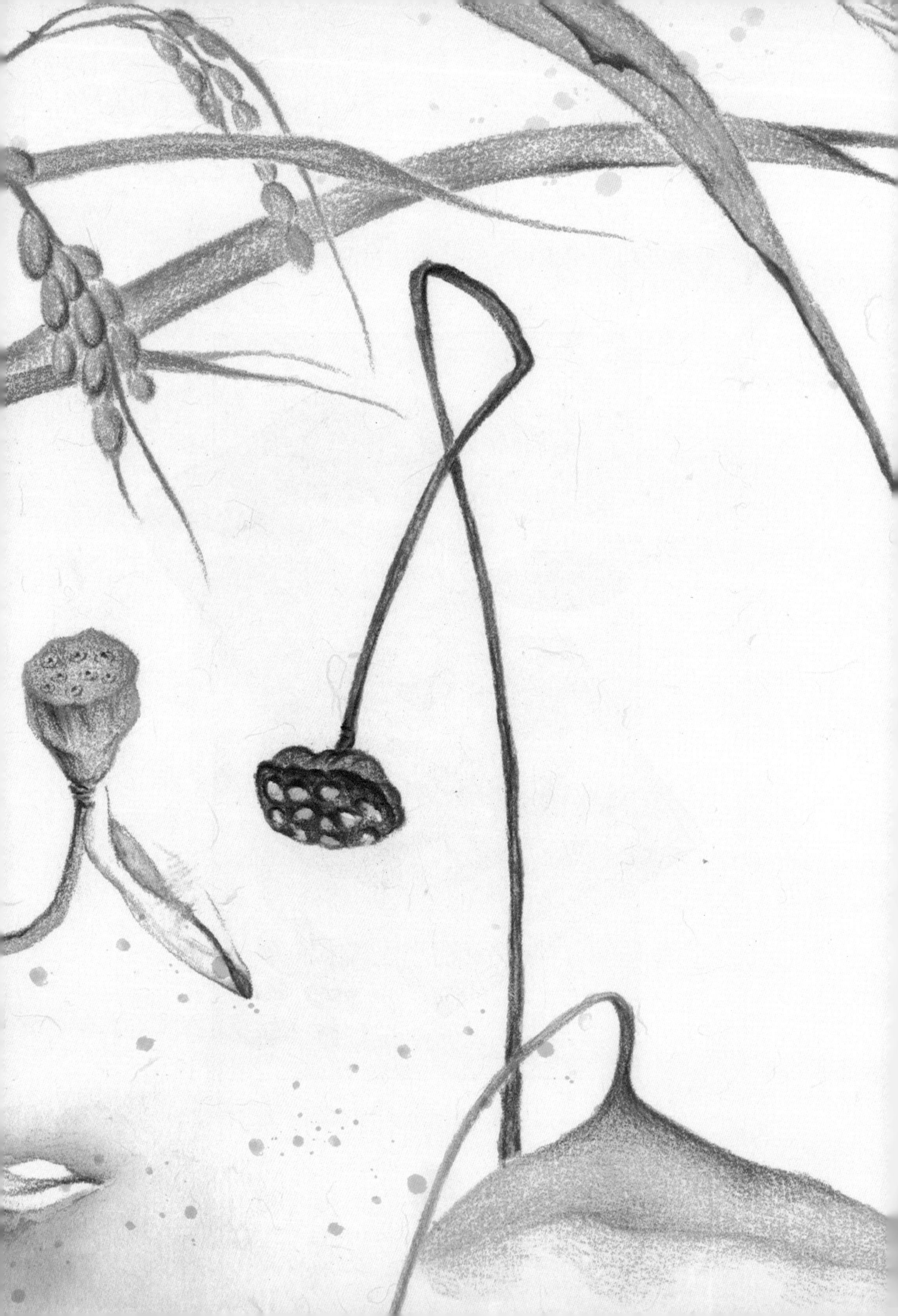

处暑

处，止也，暑气至此而止。

第一部分

气象特征

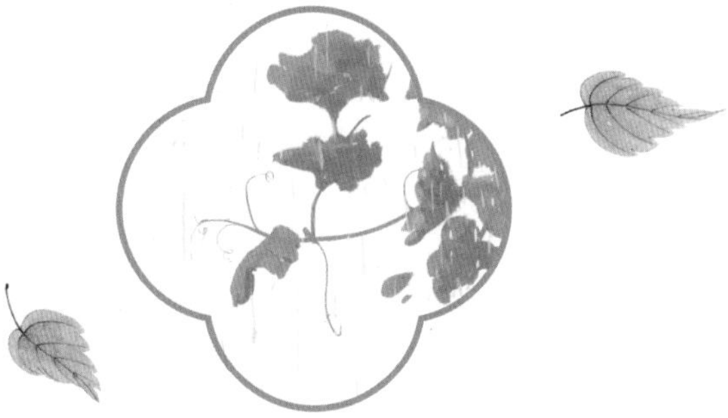

处暑，意为“出暑”，顾名思义就是暑气结束。它是二十四节气中的第十四个节气，虽然在立秋之后，但处暑却承担了夏秋季节的过渡作用。

处暑节气一般在每年的 8 月 23 日前后，它的到来标志着炎热天气的结束，夏热逐渐消退，天气由热转凉。但处暑节气后，仍时常有持续高温来袭。真正的凉意要等到白露，因此处暑时，高温天气还会经常存在。北方需要注意降温时加衣，南方则完全不需要。

谚语云：“处暑不出头，割谷喂老牛。”意思就是，处暑时如果谷子还没有长穗子的话，就是一无是处的野草，只能割来喂牛。这句话凸显了处暑的关键，是观察农时和收成的重要节点。

处暑仍暑

处暑节气时，我国处于传统意义上“三伏天”的末伏阶段，地表和海洋储存的热量依旧很高，太阳直射点虽然已经离开我国陆地，但还在南海，日照时间比较长。因此，处暑时我国大部分地区仍然是夏季，尤其是南方还处于盛夏时节，可以说是“处暑仍暑”。按现代气象学的标准，此时我国大部分地区还没有真正入秋。

相比之下，处暑节气的海洋正好处于热量巅峰阶段，不管是西北太平洋还是南海的海温，都在一年之中的最高位，26℃以上的暖水区直接抵达黄海、渤海和日本海。众所周知，台风要维持和发展，首要条件就是海温达到26℃以上，所以处暑节气是台风登陆的集中期，且北方台风相对更多。台风正是暑气的“副产品”，从海洋角度来看，处暑也仍是暑。

不过，副热带高压的中心脊线已经告别了立秋时的“年度高位”，在向东、向南撤退。与此同时，西伯利亚冷空气开始活动，向南挺进，北方已经开始加速入秋。据统计数据显示，处暑时的夏季面积比立秋时减少了约160万平方千米，东北的黑龙江、吉林两省，陕西北部、甘肃东部以及新疆中北部等地基本上都入秋了。与此同时，青藏高原入冬的区域也从雪山山峰开始向下扩张。当然，我国中东部平原地区基本上都还是夏天。

烈日余晖

处暑节气时，太阳直射点撤退到北纬10度左右，离开了海南岛，到了中沙群岛附近。我国大部分地区接收到的太阳辐射在走下坡路，日照时间比立秋时又有所减少。不过，由于海陆热量储存的关系，处暑时我国的夏季风——西南季风和东南季风仍旧强劲，水暖相配合，此时我国的降雨十分猛烈。另外，由于海洋气流在我国长驱直入，全国各地的空气质量甚至比盛夏时更好，空气特别透明，能见度非常高。南方阳光刺眼，需要注意防晒、防中暑。这个时候的日照，可以说是“烈日余晖”了。

不过在北方，与太阳直射点南移相对应的，是日照时间和太阳辐射能量的双重减少，热量收支不平衡开始加剧。由于海洋湿热气流也跟随副热带高压退回南方，北方的太阳迅速变得温和起来，不再过于刺眼。或许对北方来说，“处暑”这两个字算得上名副其实。

处暑气团和风

与盛夏时的节气相比，处暑节气的最大特点是夏季风和暖湿气团开始采取守势，不再一路北上，而是南退。它们节节败退，逐步离开西北、华北和东北，退守秦岭至淮河以南地区。当然，南退不是一蹴而就的，而是慢慢地进行，有时也会出现反复。譬如说，在暖湿气团退走之后，有时会有台风进入北方，这时暖湿气团就会再次北进，但等台风减弱消散后，暖湿气团也就撤退了。

暖湿气团退走之后，留下的地盘给谁了？当然是大陆干冷气团。自处暑节气起，西伯利亚冷空气频繁南下，扩张自己的地盘。除东北地区逐渐被其占据外，新疆、内蒙古中西部、陕甘宁、山西、京津冀北部也逐渐纳入大陆干冷气团的势力范围，北风开始越来越多。另外还有一个角色，就是大陆干热气团，此时在新疆南疆盆地、吐鲁番盆地，以及西南地区的金沙江、澜沧江的河谷等地还有这种气团的踪影，使得吐鲁番、元江、元阳等地的气温可以升到40℃以上。

既然处暑时海洋能量达到巅峰，那么台风必然不会少。关于这一点，我们下一部分细说。

北方台风和华南台风

处暑时，副热带高压在我国近海南退，回到江南一带，而在远洋，副热带高压反而北抬，往往控制着日本和朝鲜半岛东部。这段时间台风要么去华南，要么去北方，去华东的台风反而减少。如2017年处暑前后，台风天鸽袭击广东珠海，成为当地最强台风；2019年处暑前后，台风白露袭击台湾、潮汕和闽南地区；2020年处暑节气后，台风巴威、美莎克、海神连续袭击东北。由于海温较高，暖水向北大范围扩展，处暑时影响我国的台风往往有较强的威力。

处暑典型天气

高温

处暑时，湿热气团虽然南撤，但仍维持在我国南方。另外，干热气团依然存在，因此这段时间我国经常会出现高温天气。如2019年处暑前后，重庆的“夜温”高达30℃左右，其中8月19日凌晨，沙坪坝最低气温高达31.4℃，同时湿度高达75%左右，如果不开空调，睡觉都能中暑。同年，云南元阳、元江也出现了40℃以上的高温天气。

降温

这是最对得起“处暑”两个字的天气。近几年，处暑节气前后，我国气温分布以“胡焕庸线”为界，以东、以南地区气温基本上都在20℃以上，而以西、以北的很多地方气温则跌破20℃，经历明显降温。如2017年和2019年，东北在处暑前后降雨频繁，西伯利亚冷空气不断侵入。在连续降雨和冷空气的打压下，东北大部分地区气温跌破20℃，夏天节节败退，漠河等地寒意明显；哈尔滨、长春的均温已跌至入秋警戒线。可以说，东北在处暑之后，炎热再也回不来了。

强对流

处暑时暖湿气流减弱，冷空气开始小股南下。在这样的背景下，大范围的暴雨减少，但冷空气激发的小规模强对流增多。如2019年处暑前后，受江淮冷涡甩出的小股冷空气影响，上海、浙江北部遭受强雷雨袭击。上海很多地区已经水漫金山，电闪雷鸣，甚至长宁区、闵行区和松江区遭遇了冰雹，上海浦西、浙江杭州西北部和嘉兴局部雷暴猛烈。

第二部分

处暑三候

初候，鹰乃祭鸟。

二候，天地始肃。

三候，禾乃登。

初候，鹰乃祭鸟。

在处暑节气前后，老鹰开始猎食，抓捕小鸟和其他小动物充饥。这说明两个问题，一方面由于夏季风南撤，北方晴天增多，有利于老鹰捕食；另一方面，此时逐渐进入五谷丰登的收获季节，食物链丰富，有利于老鹰囤积食物。

二候，天地始肃。

“肃”是肃静、肃杀之意。古人认为，处暑节气时，由于北风起吹，气温有所下降，中原地区开始出现萧条冷落的景象。这也提醒我们，换季正在进行中，要警惕突然而至的降温。

三候，禾乃登。

“禾”是庄稼，“登”指五谷丰登，意思是庄稼已逐渐成熟，快到收获的时候了。正如宋英杰老师在《二十四节气志》中所说，处暑节气这段时间，上天正准备“由慈到严”，但在严之前，还要让我们享受丰收的硕果和喜悦。

第三部分

节气习俗

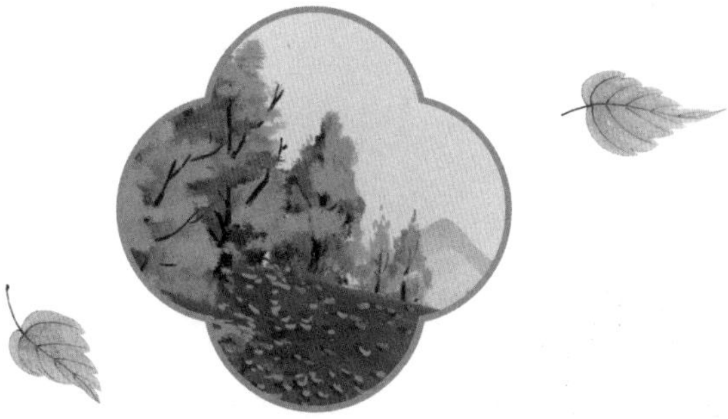

早秋曲江感怀

［唐］白居易

离离暑云散，袅袅凉风起。
池上秋又来，荷花半成子。
朱颜易销歇，白日无穷已。
人寿不如山，年光忽于水。
青芜与红蓼，岁岁秋相似。
去岁此悲秋，今秋复来此。

中元节

农历七月十五日对于道教和佛教都是重要的日子，佛教称其为盂兰盆节，道教称中元节，不过在民间，百姓把它认作“鬼节”。在民间传说中，地官是掌管地府的神仙，相传七月十五日是他的生日，这天他要到世间辨别善恶，赦免人类的一些罪孽。管理者外出履职，地府大门无人看守，里面的鬼魂便趁机返回人间。于是，中元节成了民间祭祀先人的重要日子，人们通过各种形式的祭祀活动，让回到人间的鬼魂感受到亲人的牵挂，“放河灯”便是其中之一。秋日夜晚，一盏盏荷花灯在河面上漂漂荡荡，随着水波渐渐远去，遥寄人们的哀思之情。

秋决

“秋后问斩”这个词我们在古装剧或古代题材的小说中经常见到，这可不是编剧和小说家的随口一说，早在《春秋左传》中就有“赏以春夏，刑以秋冬”的记载，汉代已有秋冬季节执行死刑的明确规定。清代的死囚在行刑前，先要经过朝廷的中央秋审，通常是在农历的八月，秋审批准后死刑才可执行，因此叫作“秋后问斩”，又称“秋决”。在古人的观念里，凡事都要顺应天时，刑法也是如此。春夏秋冬四时为序，各有其主宰的神明，天子必须依照四时十二月的特征布政施令，秋季象征肃杀之气，正与刑罚相对应。

赏秋云

谚语说：“七月八月看巧云。”处暑之后，北方暑气渐消，秋意渐起。“离离暑云散，袅袅凉风起。”夏日里大团的云堆，被秋风穿针引线般散化开来，变成一缕缕半透明的纱幔，一片片轻飘的绫罗。此时的天空疏朗明净，“七月八月看巧云”，说得正是人们出游赏秋的习俗。经历了狂热的盛夏，平和的秋景使人舒心惬意，观秋叶，望秋水，听秋雨，看秋花，赏秋云。秋云的美正在于它的“巧”，形态轻柔，变化灵动，不会给你一点负担，可以放心地把想象和秘密交付给它。当你正看得入迷时，它已在不觉间融化在秋日清澈的天空中。

第四部分

花开时节

和知己秋日伤怀

［唐］郑谷

流水歌声共不回，去年天气旧亭台。

梁尘寂寞燕归去，黄蜀葵花一朵开。

黄蜀葵

在北宋文人晏殊的眼里，黄蜀葵是秋天里最美的花。“秋花最是黄葵好，天然嫩态迎秋早。染得道家衣，淡妆梳洗时。”花色素雅似道服，姿态犹如正在淡妆梳洗的道家仙姑。黄蜀葵和蜀葵虽同属锦葵科，却是两种不同的植物。蜀葵为蜀葵属，花色丰富，盛开在夏季；黄蜀葵为秋葵属，多是淡黄色，花心处呈现深紫色，花期在8月到10月，叶子形状像鸡爪，又叫鸡爪葵。过去，人们也称黄蜀葵为秋葵，不过现在秋葵特指咖啡黄葵，它的幼果就是被誉为“蔬菜王”的秋葵菜，吃起来黏黏的。黄蜀葵虽不能食用，但它的根含有黏液质，是古代造纸时常用的原料。

胡枝子

每年的7月到9月，胡枝子低垂的枝条上挂满紫红色的蝶形小花，摇曳在风中，没有张扬的艳丽，只有柔弱的秀美。奇怪的是，这种美丽的小花开遍我国大江南北，却难以引起古代文人的兴趣，倒是民间热衷于它柔软的枝条，折下一些捆扎成扫帚使用，因而又名“扫条”。与在中国的待遇相反，胡枝子在古代日本相当受欢迎。《万叶集》是日本最早的诗歌总集，出版在奈良时代末期，里面歌咏了几十种植物，胡枝子出现的次数最多。日本人还专门造出一个形象的新字来指代胡枝子，汉字可写成“萩”，表示秋日开花的草木，它与桔梗、女郎花、朝颜等并称“秋之七草”。

夜落金钱

午时花，俗称夜落金钱，花期在7月到10月，五片花瓣组成近圆形，颜色鲜红，只有花蕊处是浅色，形状像一枚大大的铜钱。花朵在每天中午绽放，入夜后至次日清晨前，整朵花脱枝而落，一夜间“金钱”遍地。由于它生得喜庆，常被人叫作“摇钱树”。秋天还有一种花也有“金钱”之名，那就是菊科植物里的旋覆花。与锦葵科的午时花相比，旋覆花开得更早，花盘小小的正如铜钱大小，颜色也是金黄的，看起来比午时花更加诱人，古时又名“滴滴金”。北宋诗人谢薖有《滴滴金花》诗曰：“满庭黄色抑何深，一滴梅霖一滴金。莫使贪夫来见此，闻名亦起觊觎心。”

第五部分

古时饮品助消暑

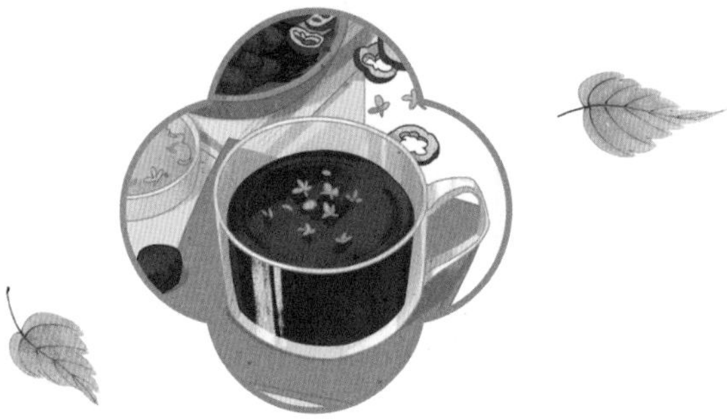

民谚有云："处暑酸梅汤，火气全退光。"到了处暑节气，北方暑热开始消退，秋天凉爽之感越来越明显；可是在南方，秋老虎还在显威风，裹挟着暑气余热穿街走巷，此时若能来一碗冰镇酸梅汤，实在是沁人心脾，犹如清凉的细雨落在心头。

酸梅汤

民谚有云："处暑酸梅汤，火气全退光。"到了处暑节气，北方暑热开始消退，秋天凉爽之感越来越明显；可是在南方，秋老虎还在显威风，裹挟着暑气余热穿街走巷，此时若能来一碗冰镇酸梅汤，实在是沁人心脾，犹如清凉的细雨落在心头。

我们现在喝的酸梅汤，看起来十分普通，其实有着皇家身世。据说，它的配方来自清朝宫廷，是御茶坊为皇帝研制的消暑饮品，还有个响当当的雅名"清宫异宝御制乌梅汤"。

民间有传闻，一位参与《四库全书》编纂的翰林，经常在琉璃厂附近的茶馆里和文人雅士高谈阔论，谈到兴起时，多希望能抿一口宫里透心沁齿的酸梅汤。于是，他干脆将配方传给了茶馆。

后来，京城里卖酸梅汤的小摊和店铺随处可见。"底须曲水引流觞，暑到燕山自解凉。铜碗声声街里唤，一瓯冰水和梅汤。"卖酸梅汤的摊位上通常插有一根月牙戟，表示汤是夜间熬得。酸梅汤盛在青花大瓷罐里，大瓷罐放在有冰块的木盆里。摊主手持一对儿黄铜小碗，手腕有节奏地抖动，两只小碗发出清脆的咣咣声。这声音仿佛有魔力一般，吸引着大家纷纷驻足，一碗酸梅汤下肚，立刻神清气爽。

处暑鸭

“处暑送鸭，无病各家。”处暑时节，天气干燥，此时正值鸭子肥美，而鸭肉性凉，因此民间有“处暑食鸭”的传统。北方地区多吃处暑百合鸭，南方地区则多吃盐水鸭、老鸭汤。

面对如此诱人的食材，深谙饮食之道的中国人自然发明出很多种吃法；同时，民间流传的关于吃鸭的故事也不少。相传，明太祖朱元璋酷爱吃鸭子。明朝初期建都南京，这里山峦环绕，更有湖泊佳境，盛产湖鸭。这太对朱元璋的胃口了，他要求御厨每天都要做鸭子给他吃。御厨们便开始钻研起鸭子的做法，煎炒烹炸焖炖烧，传统烹饪方法不够用了，就研究出用果木炭火烤制鸭子的方法。后来明成祖朱棣迁都北京，已练就一身做鸭菜本领的御厨连同烤鸭子的技术，一同被带进了北京皇宫，“北京烤鸭”逐渐成为名誉天下的菜式。当然，北京烤鸭的来历众说纷纭，就像其他美食相关的传说一样，没有历史定论。

以前，人们养鸭子多为放养，秋收之后田里会留下很多谷子和草籽，这些都是鸭子的天然饲料。人们将鸭群赶到田里，鸭子在里面大吃特吃，东跑西跑做运动，还顺带消灭了不少害虫，因此长得都格外肥硕健壮。处暑节气里通常会赶上中元节，被秋收养肥的鸭子，可是中元节祭祖的首选供品。

在江南地区，养鸭又称为“看鸭”，经验丰富的看鸭人，只需要三四根长竹竿，就可以看数百只鸭子。鸭子们吃得悠闲，看鸭人也落得清闲。民国著名将领李宗仁将军在其回忆录中说，小时候母亲问他长大后想做什么，他回答要做个“养鸭的”，原因是：“一个养鸭的可养两三百只鸭子。鸭子在四处田塘河沟内觅食，故不需太大的本钱。在我们小孩子想来，鸭生蛋，蛋变鸭，十分可羡。所以我说我长大了做个养鸭的汉子罢了。”

白露

秋属金，金色白，露凝而白。

第一部分

气象特征

“蒹葭苍苍，白露为霜”，《诗经》中的千古名句，直接点出了二十四节气中的第十五个节气——白露。

白露节气在每年的 9 月 8 日前后，正好比立秋晚一个月。白露到来时，气温越来越低，天气常常生出白色的雾气和露水。但与寒露节气相比，这露水尚不觉得特别寒冷。俗语道：“白露秋分夜，一夜凉一夜。”白露之后，冬季风开始大规模入侵我国，冷空气开始越过长江，越来越多的夏季生长作物成熟，收获季节马上就要到来。

和立秋、处暑相比，白露这个节气虽然没有“秋”字，但秋意最浓。这个时期我国的季节变化最为明显，秋季即将从北方扩大到南方。在白露节气前后，很多人感觉到北风阵阵，寒意乍起，下半年的第一场大规模冷空气来袭。我国中东部天气易干燥，要注意天气变化，及时添衣保暖。

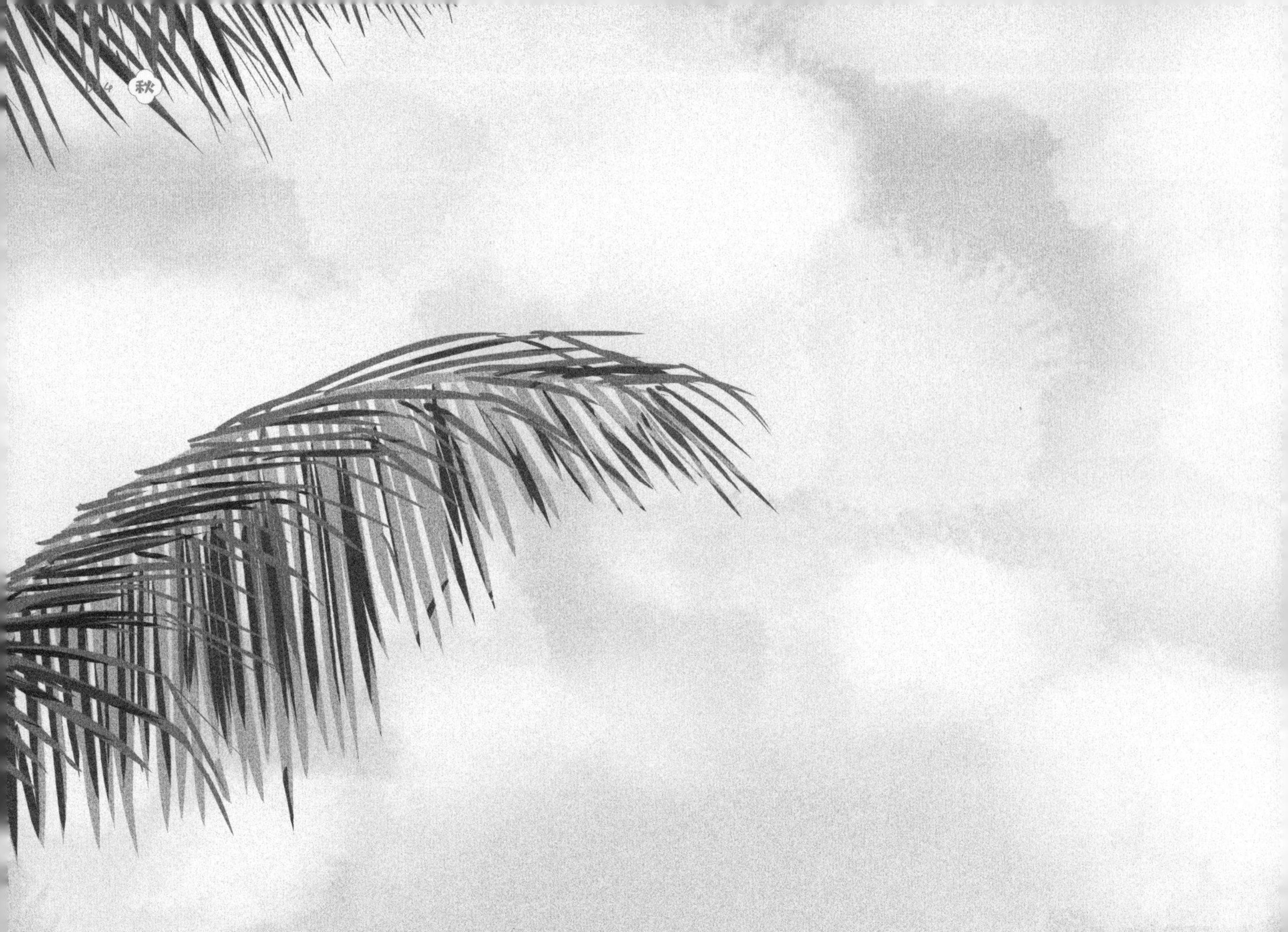

白露阳光

白露节气的天文意义虽然不如立秋，但也非常重要。立秋时，太阳直射点退回北纬16度，处暑时退回北纬10度，而白露节气时，太阳直射点已经接近赤道，即将“平分秋色”。因此在白露节气前后，我国陆地上接收到的太阳热量正在迅速减少，烈日余晖已不在。北方的太阳辐射已经非常弱，冷空气来袭；南方的高温也大幅降低。冷空气甚至穿过武夷山和南岭，来到华南地区。

白露时，渤海、黄海和东海的海温正从巅峰跌落，进入下降周期。从9月上旬开始，台风逐渐不再登陆北方。不过，南海、台湾海峡和巴士海峡仍然能接收到非常充沛的阳光直射，海温依旧很高。因此，对台湾、福建和华南等受这些海域影响的地方来说，9月上旬持续炎热，只有冷空气偶尔南下时，才能感受到白露这个节气的存在。也正是因为海温太高，所以白露时期这些地方会有强劲的台风。

白露知秋

白露时，通常意义上的“三伏天”已经结束，北方暑热已消，南方的高温天减少并逐渐归零。从现代气象学意义上说，白露节气当天，我国秋季的面积扩大到620万平方千米左右，超过一半的国土面积。更重要的是，在白露后，秋季迅速攻城拔寨，把夏天赶回长江以南。从这个意义上说，白露是真正的秋季转折点，也是中原地区真正走出暑热的标志性节气。

此时，新疆、内蒙古、黑龙江北部、青藏高原南部已进入深秋，青藏高原北部的冬季范围更是大大扩张，秋雨萧瑟甚至雪花飘飘。而在华北平原，虽然中午的温度还在20℃以上，但早晚露水凝结，气温大幅下降到20℃以下，有时候甚至逼近10℃，早晚温差很大。

白露气团

白露节气时，由于夏季风和暖湿气团大幅后退，带走了大量水汽，我国北方完全被干冷气团控制，天气开始变得干燥，中午的相对湿度下降到30%以下，早晚也只有50%。此时人体会感觉缺水，有时候还会出现炎症反应，这就是所谓的“秋燥”。不过在南方地区，除了淮河流域、长江以北会比较干燥，大部分地区暂时是比较湿润的。

白露时，干冷气团经常南下，冲破秦岭至淮河分界线。在进入南方后，它常常和水汽结合，变性为湿冷气团，让南方的降温更加厉害，体感也更为寒冷。

白露风雨

白露时，由于夏季风彻底撤回南方，所以我国北方的降雨量大幅减少。以北京为例，当地8月的月平均降水量高达140毫米左右，但9月的月平均降水量已急剧减少到约48毫米，减少了一大半，可以看出水汽离开北方的速度之快。

正因如此，在白露节气，北方的北风一场接着一场，南风已难以寻觅。而作为夏季风集大成者的台风，在9月也极少来北方了；即使有，也是曲径通幽，从朝鲜半岛、俄罗斯附近绕道进入东北。台风带来的暖湿空气极其有限，卷来的多是西伯利亚的干冷空气。因此，在寒露节气的北方，除非有罕见的台风影响，否则很难见到大暴雨，多是干燥天气，偶尔一阵小雨，高山地带有雨夹雪。

然而，南方则完全不同。此时，两支夏季风——西南季风和东南季风仍然交汇于南方。与之前一样，西南季风水汽丰富，温度高，力道十足，能穿过西南的横断山脉，制造大范围暴雨；而东南季风在东海和黄海海温下降的情况下，水量迅速减少，热度降低，只能在东部地区造成较小范围的雷雨。由于青藏高原和西风带的配合，白露时期，我国西部雨量反而更大，这就是“华西秋雨”。不过，华西秋雨带偶尔也能延伸到东部，再加上台风的影响，东部有时也会出现大范围强降雨。

白露典型天气

冷空气

白露时，冷空气渐渐变得强势。它们控制东北、内蒙古、陕甘宁、新疆北部等长城以北、以西地区，随时可能越过长城南下，跨越长江，偶尔也能越过南岭和武夷山，给华南和福建带来降温。如2018年，冷空气大举南下，黑龙江漠河的气温跌至0℃上下，而高空西风带前锋南压至黄淮一线，占据天气舞台多时的副热带高压被迫短暂退让；与之对应的地面西路冷空气沿青藏高原东侧迅速渗透，冷锋激发出的雨带给长江流域带来清凉，广东、福建也迎来了雷雨和降温。

华西秋雨

从白露节气开始，秋雨浸透陕甘川，愁云怒锁大雁塔，这就是惆怅却又时而凶猛的华西秋雨。华西秋雨，从定义上说，是秋季在我国西部地区出现的持续多雨的气候现象。这是由于在夏季到秋季的转换期，北方的寒冷力量南扩，副热带高压退归亚热带。这一进一退，是季节变化，进退之间，冷暖气流在我国西部地区上空相逢，造就了绵绵无期的华西秋雨。

台风

副热带高压和夏季风大幅后撤，北方海温降低，与此同时，暖水向我国华南、福建一带汇集，菲律宾以东太平洋海面的台风常常出现“爆发式”发展，迅速加强为超强台风。因此，白露时我国北方的台风威胁减轻，但华南和福建的台风威胁加强。如2018年白露节气后，强台风山竹登陆广东，造成了遍及华南的广泛影响。

第二部分

白露三候

初候，鸿雁来。

二候，玄鸟归。

三候，群鸟养羞。

初候，鸿雁来。

《月令七十二候集解》记载道：“鸿大雁小，自北而来南也，不谓南乡，非其居耳。”也就是说，白露节气后，不管南北，降温都在加快。北方快要进入深秋了，鸿雁纷纷由北向南飞，寻求温暖的地方过冬。

二候，玄鸟归。

“玄鸟”其实就是我们俗语中的燕子。“归”的意思是，燕子本来并非北方之鸟，它只是在仲春时飞到北方。白露时节是燕子飞离北方，重归南方之际。

三候，群鸟养羞。

“养羞”的意思是储藏食物；“羞”同“馐”，意为美食。古书曾记载：“养羞者，蓄食以备冬，如藏珍馐。”群鸟在白露时敏锐地感觉到季节的变化，它们储存足够的食物，不仅是为秋天，更是在为冬天做准备。

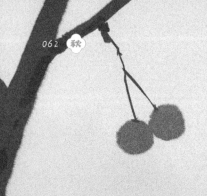

第三部分

节气习俗

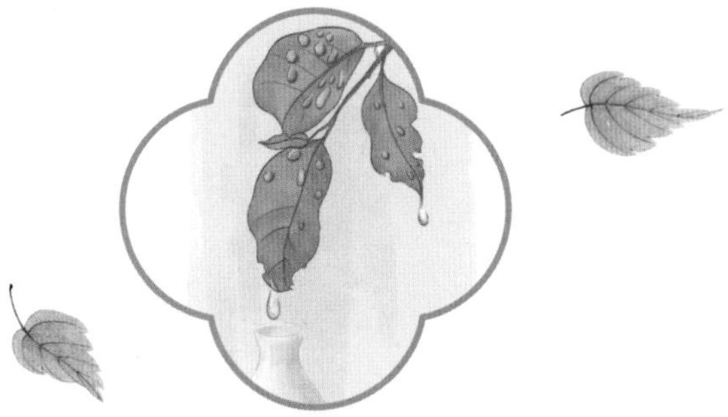

秋露

［唐］雍陶

白露暧秋色，月明清漏中。
痕沾珠箔重，点落玉盘空。
竹动时惊鸟，莎寒暗滴虫。
满园生永夜，渐欲与霜同。

祭拜禹王

白露节气，江苏太湖一带有祭拜禹王的习俗。禹王，即夏朝开国君王，史称大禹、夏禹。大禹最重要的功绩就是治理水患，使百姓安居乐业，从而得到天下的拥戴，最终继承舜的帝位。大禹的父亲鲧也是治水英雄，但因方法不当，反而使洪水越发严重。大禹吸取父亲的教训，放弃堵塞水流的方法，转而将洪水疏导至大海，最终治水成功。太湖地区的人们尊他为“水路菩萨”，并建禹王庙，于每年的正月初八、清明、七月初七和白露举行祭拜活动。其中，清明的“春祭”和白露的“秋祭”最为壮观，“秋祭”通常要持续七天，附近的渔民、商人像赶庙会般来往不绝，戏班子唱戏助兴，每年必演的一出戏就是《打渔杀家》。

收露

古人认为白露时节的露水最为宜人。晋、唐时期，人们用这天清晨收集的露水润洗眼睛，希望眼睛如清露般明亮。姑娘们缝制绣囊，称“眼明囊”或“承露囊”，作为闺密间互相赠送的礼物。据清代《沪城岁时衢歌》记载，八月黎明时，收取花枝上的露水，倒入上好的古墨，砚匀后蘸上一点，点印在小孩子的某些穴位上，可以百病不侵。民间迷信露水的功效，帝王及其家眷更是如此。相传杨贵妃在秋日里，每天清晨吸吮百花之露，以求容颜不老。汉武帝在建章宫中放置巨型雕塑“仙人承露盘”，铜仙人手托铜盘，以承接“云露”，据说服食后可获长生。这些当然是他们做的一场美梦罢了。

祭风婆

风神在民间的形象并不统一，在冀东一带的农村，风神是位老婆婆，人们在农历八月初一祭祀风婆，称“风神节”。根据当地的传说，风婆原是姜子牙的妻子马氏，性格暴烈，经常乱发脾气。后来，姜子牙辅佐武王伐纣，建立了新的王朝西周，在封神台为战争中的将士封神。马氏听闻后赶来想要获一席神位，被姜子牙怒斥：“你这疯婆……”话未说完，马氏立刻跪地谢恩，原来她以为自己被封为“风婆”，结果阴错阳差地成了掌管风的神仙。农历八月，农民要在打谷场扬谷，需要借助风力吹走谷壳，留下谷粮。可是，风婆的坏脾气经常带来麻烦，人们便在八月初一马氏生日这天，供上她爱吃的黏豆饽饽，祈求她刮好风，让扬谷工作能够顺利进行。

第四部分

花开时节

蒹葭

[唐] 杜甫

推折不自守，秋风吹若何。
暂时花戴雪，几处叶沉波。
体弱春风早，丛长夜露多。
江湖后摇落，亦恐岁蹉跎。

芦苇

“蒹葭苍苍，白露为霜。所谓伊人，在水一方。”落满霜露的芦苇苍茫一片，所念之人可望而不可即。《诗经·秦风》中的这首《蒹葭》诗句，营造出冷秋里惆怅与悲凉的意境。蒹葭，即是芦苇，《本草纲目》中说，初生的芦苇称“葭”，开花前称“芦”，开花后结了果实的称“苇”。芦苇是多年生草本植物，在河塘、湖泊和河流的附近都能看到它的身影。茎秆坚韧、高大，花和种子生长在顶端棕色的突起中。芦花在7月到10月间开放，花序散开，长度可达40厘米，好似飘逸的白色棉丝，迎着野外的秋风潇洒自若。芦苇用途广泛，可编制苇席，可作造纸原料，空茎可制成古代乐器芦笛，花絮还可作为枕头填充物。

夹竹桃

夹竹桃为常绿大灌木，原产于地中海沿岸及亚洲的热带、亚热带地区，大约在15世纪引入我国。明代诗人王世懋用寥寥数字的诗句，就总结出它的特点：“布叶疏疑竹，分花嫩似桃。”狭长的叶片，正面深绿，背面浅绿，犹如竹叶；粉红色的重瓣小花，微微褶皱的花瓣，又似桃花，“夹竹桃”之名由此而来。王世懋又道：“叶不迎秋坠，花仍入夏齐。”自6月到10月的夏秋季节，都是夹竹桃盛开之时。兼具竹叶、桃花之美的夹竹桃，竟然还是“环保卫士”，具有很强的抗污能力，可以吸附有害气体和灰尘。但同时，它也是有毒植物，千万不要去折它的枝、叶和花，还是让我们从远处欣赏它吧。

秋海棠

秋海棠并不是蔷薇科苹果属的海棠花，而是秋海棠科秋海棠属植物，因与海棠花有几分相似，又在秋日7月到9月开花，故名秋海棠。花朵粉红色至粉白色，叶片绿中带有红晕，尤其叶脉处呈紫红色，使得叶脉纹路格外清晰。秋海棠植株纤细，楚楚动人，相传世上本没有这种花，有位女子因久久等不到心上人的到来，伤痛欲绝，眼泪洒落之处长出了纤弱的小花，它为泪水所浇灌，叶片被血泪所染，所以又叫“断肠花”。清人李渔在《闲情偶寄》中记述了这个传说，并感叹，泪水洒在林中，就长出斑竹；洒在土地上，就长出秋海棠；泪水真是一种神奇之物啊！

第五部分

茶树叶上的露香

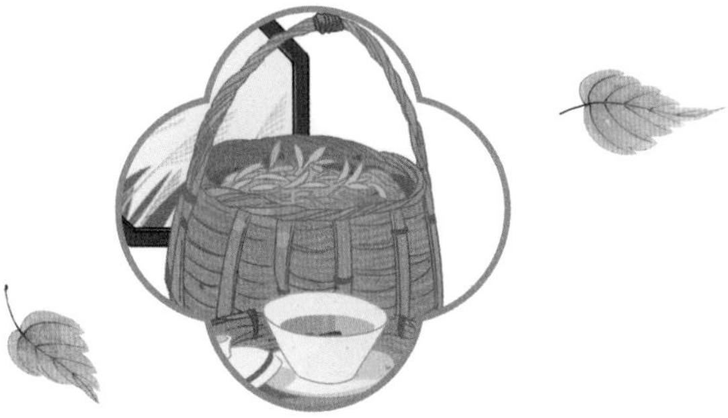

白露茶是白露时节采摘的茶叶，又称“秋茶”，和春茶、夏茶一样，是根据时节划分类别。“春茶苦，夏茶涩，要好喝，秋白露。”白露时节，气候温和，在盛夏炙晒下“精神不振”的茶树，此时历经丝丝凉意，又重新舒展生长起来。

白露茶

一到白露，老南京人定会泡上一壶白露茶。

白露茶是白露时节采摘的茶叶，又称“秋茶”，和春茶、夏茶一样，是根据时节划分类别。“春茶苦，夏茶涩，要好喝，秋白露。”春茶通常是指清明以前的茶叶，叶片鲜嫩，但是味道苦，而且不耐久泡；夏茶是指立夏之后的茶叶，味道浓烈，但是又苦又涩。白露时节，气候温和，在盛夏炙晒下“精神不振”的茶树，此时历经丝丝凉意，又重新舒展生长起来。

白露节气之前的茶叫“早秋茶”，由于温度还没有降下来，早秋茶有一点苦涩的味道；白露节气之后的茶叫“晚秋茶”，也就是真正的白露茶。古人总结白露时节气温的特点为：“大抵早温、昼热、晚凉、夜寒，一日而四时之气备。”白天阳光充足，尚有炎热之感，太阳一落山，气温迅速下降，到了夜间竟有了寒意。夜里突来的寒冷给空气中的水汽打了个措手不及，它们就地凝结成细小的水珠，附着在花瓣上、草叶上、庄稼上。露珠是大自然的馈赠，晶莹、温润、剔透，受其滋养的茶叶生出了芳香的气味，使秋茶在滋味、香味、醇厚度上都更胜一筹。

“朝饮木兰之坠露兮，夕餐秋菊之落英。”这句《离骚》中的诗句正是屈原高尚情操的写照。早上接饮木兰树上滑落的露珠，黄昏进食秋菊残落的花瓣，引得后人纷纷效仿。古人在白露最为繁盛的清晨，手托玉盘长久地停留在一叶叶草、一朵朵花前，轻轻晃动草叶花瓣，使上面细小密集的水滴凝成大颗的露珠，然后再耐心地将它们滑落到盘中，仿佛在为这些小生命擦拭夜晚的泪珠，以迎接新一天阳光的照耀。待到收集的露水足够多时，就可以用来煮白露茶了。

原来，我们还可以如此奢侈地使用时间！暂且不提那用自然精华所制的白露茶的滋味，单单是这份与花草亲密互动的雅致，就让我们羡慕不已了。

白露酒

白露有茶，亦有酒，直叫人陶醉在这渐浓的秋意中。

在湖南兴宁、三都、蓼江，以及苏浙的一些地区，家家有白露节酿酒的习俗。酿制好的白露酒要先祭祀神灵，若家里来客人，也会用白露酒招待。白露酒喝起来有些许甜味，温中含热，除了要白露节气酿制外，对所用的水也十分讲究，其中最著名的要数“程酒”。程酒取程江水酿制，古时是献给皇帝的贡酒，名满天下。清代光绪年间纂修的《兴宁县志》中形容程酒：“色碧味醇，久而愈香。”人们把程酒装入坛子中密封好，埋入地下或者藏在地窖里，要等数年或数十年才能取出，“酿可千日，至家而醉”。

白露酒属于米酒，米酒是用糯米发酵后酿成，也叫醪糟，古人称其为“醴”。糯米要先充分浸泡，米粒吸足水分后胀得鼓鼓的，放到蒸锅里蒸熟，变成干米饭。米饭放凉后，将捣碎的酒曲均匀地撒在上面，加温水搅拌，之后放进大缸里压实，中间掏出一个圆形的酒坑。接下来要给酒缸“穿衣保暖”，外面裹上厚厚的稻草，缸口处用草盖子盖严，以加快发酵过程。三四天后，酒坑里就有米酒渗出了。掀开酒缸盖子的一瞬间，清柔的酒香气扑面而来，赶紧深吸几口，似乎已有微醉之感，不禁想起郑板桥的诗句：“家酿亦已熟，呼僮倾盎盆。”

米酒的酿制看似简单，其实发酵是一种复杂的有机化合物和微生物分解过程，最关键的是酒曲的选择。酒曲上生长有大量的微生物，微生物所分泌的酶具有生物催化作用。在我国几千年的酿酒历史中，酒曲可谓是“核心秘诀”，从有文字记载以来，我国绝大多数的酒都是用酒曲酿造的，可实际上，在现代科学出现前，人们并不知道其中的原理。古人就这样“稀里糊涂”地用酒曲成就了中国辉煌的酒文化。

秋分

阴阳相半，昼夜均而寒暑平。

第一部分

气象特征

秋分时刻，太阳直射于赤道，而秋分过后，北半球时间的天平逐渐向黑夜倾斜，黑夜越来越“重”，阳光越来越“轻”，居住在中国的我们将和夏天彻底分手。

秋分，是一年中两次“日月平分”的节气之一。因地球并不是正圆形，所以每年的秋分时间稍有区别，一般在 9 月 23 日前后。

我们的祖先认为，秋分还有另外一层意思，那就是“平分秋色”。它不仅代表此时昼夜平分，还代表秋天已经过去一半了。秋分之后，秋天将征服我国的大部分国土。

平分秋色

秋分节气到来时，现代气象学意义上的秋季正在向南快速推进，已经来到长江边，正准备向南岭和武夷山一线突破。秋分后，江苏、浙江、上海、安徽、湖北和重庆将很快入秋。不过，在秋天扩张的同时，冬天扩张地盘的速度更快。它已经爬下青藏高原，出现在新疆天山地区、东北的大小兴安岭林区和长白山地区。用现代气象学标准来看，秋和冬一起占据了我国绝大部分地方。从这个意义上说，此时秋天和其他季节一起“平分秋色”。

不过，秋分时我国还是有一些地方“不买秋天的账”，仍然会出现高温天气。当然这主要出现在南方，北方地区包括以高温闻名的吐鲁番盆地，都不太可能出现高温天气了。随着全球气候变暖趋势的加剧，现在的秋分比之前更容易出现“秋老虎”。2017年秋分前后，广东、福建多地连续高温，“秋老虎”的气场越来越大。

当然在秋分时，还有一些地方的气温已经降到零下，彻底进入冬季。以我们上文中举例的大小兴安岭林区来说，这里在秋分时已经天寒地冻，最低气温经常降到零下5℃甚至零下10℃，而最高气温又往往高达10℃左右。如果这里的冷空气积聚发展，有时候也会让京津冀的气温降到0℃以下。可见，秋分时不一定就是温和的降温，还可能直接把北方打入冬季，需要格外注意添衣保暖。

秋风骤起

秋分时，大陆干冷气团在北方完全占据上风，并且向南方频繁进攻。这个时候，以西南季风和东南季风为代表的海洋暖湿气团已经准备撤离长江流域，但在华南、福建等地还有很强的势力，不会乖乖让出地盘。所以，在北方和长江流域，气团之间的交锋毫无悬念，但在华南和福建，大陆干冷气团和海洋暖湿气团之间仍可能发生激烈的交战。

这个时期，我国北方的风向已经彻底转为北风，并且不可能再有台风登陆；长江流域从以南风、东风为主，逐渐转为以西风或北风为主。西风和北风是大陆干冷气团的信使，和春季东风、南风北上时的羞羞答答相比，它们脸色冷峻，不讲情面，会突然爆发南下，一旦占据主导地位，就不会轻易南撤。

总而言之，正是因为大陆干冷气团的南下，我国长江流域及以北地区的风向已经以北风和西风为主导。在大陆干冷气团的影响下，我国的气温不断下降，湿度骤然降低，秋燥横行。

秋台凶猛

“秋台”一般指在9月下旬及以后出现的热带气旋。当它们出现时，西风大槽已经南下，台风发展的范围有所缩小。但需要注意的是，此时台风发展的环境比夏天时更为优越，台风常常爆发式发展，迅速成为超强台风；同一条热带云带里，常常出现多个台风，双台风甚至多台风互相作用，让台风的路径变幻莫测，难以预报。台风靠近我国后，常常和干冷空气交汇，造成意想不到的特大暴雨和大风，可谓防不胜防。因此，秋分前后接近我国的台风虽然不算很多，但往往特别凶猛，造成很大灾害。

如2013年秋分前后，台风天兔绕开台湾岛和吕宋岛高山，从巴士海峡长驱直入，强势登陆汕尾，成为有气象记录以来汕尾的最强台风。在天兔的影响下，汕尾的雷达站被强风摧毁，还发生了人员伤亡，造成严重影响。在秋分后，台风菲特又在台风丹娜丝的影响下突然转弯，直奔我国浙江，在台风气流和冷空气的共同作用下，浙江出现大范围的暴雨，其中余姚等地被水淹长达一周之久，直接经济损失超过600亿元，是造成我国重大经济损失的台风之一。

秋燥横行

“秋燥”其实是一个中医上的概念，意思是人在秋季受干燥影响而发生的疾病，包括鼻咽干燥、干咳少痰、皮肤干燥等。秋燥引发的较轻症状有喉咙疼痛、声音嘶哑、口腔溃疡等。由于干燥会导致血管脆性增加，所以流鼻血也是秋燥的重要症状之一。

秋燥症状的根本原因是秋分时期的干燥天气。在北风的压力下，西南季风和东南季风退至南岭和武夷山以南，包括长江流域在内，我国大部分地区的水汽骤然减少，北方的水汽减少更多。以北京为例，9月的月平均降水量从8月的140毫米降低到48毫米，而在秋分后的10月更是降到了24毫米，比9月再下降一半。白天的最低湿度有时候会降到20%甚至10%以下，在这种天气下，当然容易引起秋燥了。

秋雨渐少

和秋燥横行相对应的，是秋分节气前后我国秋雨的大幅减少。除了前文中提到的北方地区，南方的降雨量也在大幅减少。以南京为例，这里8月的平均降水量高达143.5毫米，到9月就下跌到75.3毫米，到秋分后的10月就下降到59.5毫米了。而在广东和福建，虽然夏季风还在，但力道和水汽含量也不如以前。例如，广州9月的平均降水量高达200毫米，但到秋分后的10月就骤减到70.5毫米了。

不过也有例外，那就是“华西秋雨”肆虐的四川和重庆地区。所谓华西秋雨，就是秋季前后在四川和重庆一带出现的连绵阴雨，准确说来是在青藏高原东侧边缘、甘肃南部、陕西南部、四川、重庆和贵州等地。华西秋雨产生的原理，是西风带南扩后，青藏高原漏下来的冷空气和副热带高压（大陆高压）边缘的暖湿气流不断交汇形成的雨。由于这一片地形崎岖，所以冷、暖空气来了就走不了，导致华西秋雨特别漫长。因此，这些地区不受水汽减少的影响，秋分时节仍然雨纷纷。

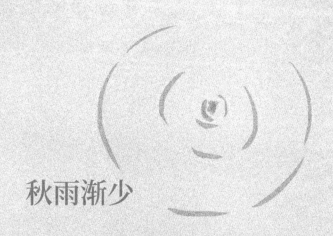

第二部分

秋分三候

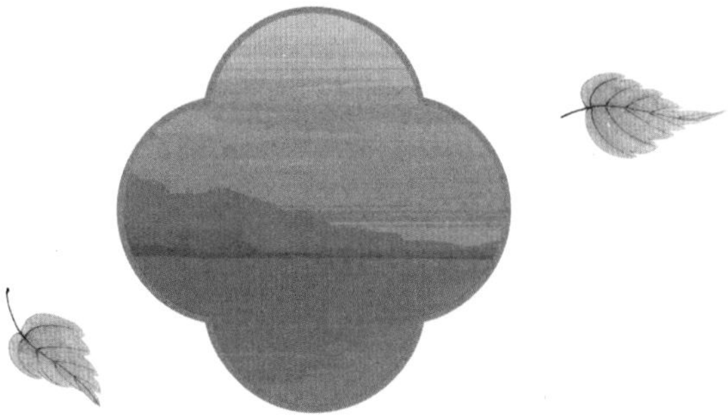

初候，雷始收声。

二候，蛰虫坯户。

三候，水始涸。

初候，雷始收声。

秋分时，由于水汽减少，大气能量减弱，雷声渐渐消失。当然，这是指中原地区。在长江流域，秋分时还是会有少量雷声。而在华南，此时发生强对流或出现雷声仍然非常正常。

二候，蛰虫坯户。

坯，音义同“培”。《月令七十二候集解》引《礼记注》的解释说：“培益其蛰穴之户，使通明处稍小，至寒甚乃墐塞之也。”虫子在秋分节气时，在洞穴入口的周围堆起细细的泥土，已经开始为蛰伏地下过冬做准备了。这句话是类似“一叶知秋”的写法，说明此时正是冷空气肆虐、气温大幅下降的时候。

三候，水始涸。

这是对秋分时我国水汽减少、空气湿度大幅下降的直接反应。由于降水减少，蒸发量远远大于降水量，我国大部分江河湖泊的水位开始大幅下降，从丰水期逐渐进入枯水期。因此，秋分是秋燥横行的节气。

第三部分

节气习俗

念奴娇·中秋

［宋］苏轼

凭高眺远，见长空万里，云无留迹。桂魄飞来光射处，冷浸一天秋碧。玉宇琼楼，乘鸾来去，人在清凉国。江山如画，望中烟树历历。

我醉拍手狂歌，举杯邀月，对影成三客。起舞徘徊风露下，今夕不知何夕。便欲乘风，翻然归去，何用骑鹏翼。水晶宫里，一声吹断横笛。

祭月节

祭月节最初定在秋分，而不是农历八月十五的中秋日。自周代起，天子在春分祭日，秋分祭月。但是，秋分在农历八月里的日子年年不同，而且八月十五的月亮往往比秋分日的更大、更圆。后来，祭月节就改为八月十五日，民间会举行丰富的祭月活动，到了唐代，逐渐演变为固定的节日——中秋节。

明清两朝，皇帝于北京月坛祭祀夕月夜明神。在北京、天津等地，中秋日家家供奉“兔儿爷”。相传很久以前，北京城里闹瘟疫，嫦娥从月宫看到后，派玉兔到人间为百姓治病。玉兔手到病除，治好了很多人。他不要人们的金银报酬，只借来不同的衣服穿。为了尽快消灭瘟疫，玉兔骑上老虎、狮子、鹿或马，走遍京城内外的每个地方。这些形象后来被人们用泥塑制作出来，渐渐成为孩子们喜爱的中秋应节玩具。

候南极

候南极，就是等候南极星的出现。南极星又称老人星、南极老人、南极仙翁等，实际上它离真正的南天极还很远。由于我国处于北半球，只有在秋分后才有看到南极星的机会，而且需要运气或很强的技术性才能捕捉到。《史记·天官书》中记载：“南极老人，治安；常以秋分时，候之于南郊。”汉代，皇帝在秋分日的黎明时刻，率领百官到位于国都南郊的老人庙祭祀南极星，并等候它的出现。倘若有幸见到，就视为国泰民安、老人长寿的吉祥征兆。渐渐地，祭祀南极星与尊老美德联系得越来越紧密，古人借此祈愿老人福寿安康。

粘雀子嘴

旧时在秋分这天，一些地方的农人按照惯例放假休息，还要像过节一样吃汤圆。包汤圆时会特意留下一些面团，不用包馅，揉成十几或二十几个圆溜溜的小团子，和汤圆一起下锅煮熟。这些实心的小团子可不是用来吃的，而是用来粘雀子嘴。人们把小团子一个个叉在细竹竿上，立在田边的地坎间，据说当馋嘴的麻雀来啄食时，黏糊糊的小团子就会粘住它们的嘴巴，让它们再也不能偷食庄稼。

第
四
部
分

花开时节

蓼花

［宋］宋伯仁

秋到梧桐我未宜，蓼花何事已先知。
朝来数点西风雨，喜见深红四五枝。

水蓼

水蓼是一年生草本植物，穗状花序下垂，花多为白色或淡红色，花期在6月到10月，生长在田边、河边或湿地里，是我国常见的野草。“十分秋色无人管，半属芦花半蓼花。”蓼花和芦花都没有夺人眼目的花容，也没有鲜艳的花色，在其他花纷纷凋零之时，以闲散淡然的姿态占尽秋色。水蓼茎叶辛辣，又称“辣蓼”，古时被用作调味料去腥，或用来驱赶蚊虫。除此之外，蓼类还有红蓼、青蓼、香蓼、紫蓼、赤蓼、木蓼等，其中，紫红色的红蓼花朵繁密，观赏性最高；还有一些品种可作蔬菜食用，宋时蓼就是春盘菜品中的一种。

石蒜

古人形容石蒜“花叶不相见”，说的就是其花和叶不同时生长的特点。石蒜花开在8月到10月，花茎细高，光秃秃的，上面突兀地顶着一大团张牙舞爪的红花，别名“平地一声雷”。《本草纲目》中形容它“七月苗枯，乃于平地抽出一茎如箭杆”。四至七朵花簇生在一根茎上，红如火焰，花瓣狭长，边缘皱缩，强烈反卷着，形如龙爪，又称“龙爪花”。

在日本，它还有两个颇为神秘的名字——“曼殊沙华”和“彼岸花”。“曼殊沙华”源自佛教《法华经》中的梵语音译，原指天上的仙花，并没有具象到现实中的植物，只知其样貌“赤团华”，颜色赤红且成团状，因而被人们附会为石蒜。

紫菀

紫菀，因生得柔和婉约，又呈紫色而得名。紫菀是菊科紫菀属植物，为多年生草本，生长在沼泽地、低山阴坡湿地、山顶和低山草地中。花茎直立向上生长，顶端生出许多细细的分枝，上面开着一朵朵小花。紫菀花虽柔弱，也有着小野花的纤巧可爱，就像是能和你经常玩在一起的邻家小孩。花为单瓣，中间是黄色的管状花，旁边围绕着一圈浅紫色的花瓣。紫菀在7月到9月间开花不绝，多被种植在园林的草坪上作为点缀，花枝还是常见的切花花材。

第五部分

广寒香气来

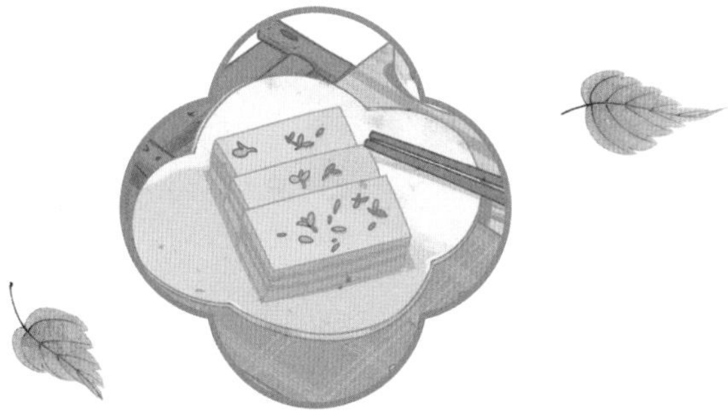

桂花香，香得让人难以置信。“不是人间种，移从月里来。广寒香一点，吹得满山开。”这来自仙境的香气太过馥郁，用鼻子闻还不过瘾，若能让桂花在味蕾上绽放，回味在唇齿之间，那才是胜似神仙的满足呢。

桂花糕

桂花香，香得让人难以置信。“不是人间种，移从月里来。广寒香一点，吹得满山开。”难怪杨万里在《咏桂》里赞叹，桂树本不是人间所有，是从嫦娥仙子所在的月宫移种来的。这来自仙境的香气太过馥郁，用鼻子闻还不过瘾，若能让桂花在味蕾上绽放，回味在唇齿之间，那才是胜似神仙的满足呢。于是便有了桂花茶、桂花蜜、桂花酒、桂花粥，还有各种桂花菜肴，而以桂花入馔的糕点自然要首选桂花糕。

在苏浙一带，秋分正是桂花盛开的时节。古人收集桂花，可不是使劲摇树摇下来的，而是打落的。明代高濂所著《遵生八笺》中“天香汤”条目记载：“白木犀盛开时，清晨带露，用杖打下花。以布被盛之，拣去蒂萼，囤在净磁器内。”“打桂花”要在露水尚存的清晨，树下撑起布单，以接住掉落的花朵。人们手持长竿，只需轻轻敲击枝条，桂花便纷纷掉落，眼前花瓣缭乱，恍若广寒宫上急急落下了一场花雨，迫不及待地要把这花香和风韵带到人间。不一会儿，布单就被铺就成了“花毯”。

由于各地饮食习俗不同，桂花糕的做法也不尽相同。通常，收集来的新鲜桂花要先过筛，把叶子、花蒂和不新鲜的花瓣剔除，然后用清水洗净、晾干，用糖、盐等腌制，做成糖桂花保存。糯米粉和大米粉混合加工后，在表面撒上干桂花，然后上锅蒸熟，出锅后再淋上糖桂花，玲珑精巧、松软细腻的桂花糕就做好了。

“月宫秋冷桂团团，岁岁花开只自攀。共在人间说天上，不知天上忆人间。”凡人总是对天界有无限的遐思和向往，只是不知道独守月宫的嫦娥，在烦闷之时，是否也会做上几块桂花糕，以解对人间的眷恋。

螃蟹

秋分时节不止农事繁忙，还有“一忙”与吃有关，那就是“食蟹忙”。民谚有云：“秋风起，蟹脚痒。”诱人的螃蟹又在向我们招手了。我们通常吃的大闸蟹，是出生在近海咸淡水中的河蟹。河蟹出生后，要洄游到淡水湖中生长，成年后再回到近海产卵。一生两次洄游于海河之间，这运动量着实不小，所以大闸蟹才生得肉嫩膏肥吧。

食蟹分文武两种吃法。“武吃”大家都熟悉，主要工具就是自己可靠的双手和利齿，上来先咔嚓几下掀开蟹壳，掰下蟹腿，蟹腿放到上下齿间，一阵蟹壳碎裂的声音后，便是吸溜吸溜的吸吮声了。“武吃”豪爽又痛快，“文吃”则诗意又艺术，靠的是一套叫作“蟹八件”的专用器具。蟹八件指的是小方桌、圆头剪、腰圆锤、长柄斧、长柄叉、镊子、钎子和小匙。吃蟹时先把螃蟹放在巴掌大小的方桌上，用圆头剪刀剪下大螯和蟹腿，然后拿出腰圆锤，围着蟹壳边缘轻轻敲打，蟹壳被敲松后，就可以用长柄斧掀开背壳和肚脐了。接着，长柄叉、镊子、钎子各显神通，发挥出捅、剔、钩、叉、挑的本领，小匙则负责刮下如玉的蟹膏、金黄的蟹黄。总之，食蟹者定要把这螃蟹吃个干干净净，绝不留一丝余肉，其中更有高手，能把吃完的蟹壳拼凑回一个完整的螃蟹样，整个过程就好像在完成一项精细的手艺活儿。

蟹八件的原型发明于明代的江南地区，最初只有三件，后来逐渐发展为八件。这些工具一般是铜制的，档次高的为银质，表面闪着柔和的光泽，做工很是精致。苏州人家有女儿出嫁时，嫁妆里常常就会有蟹八件，可见它的地位和贵重程度。

古代文人中爱蟹者众多，清代戏剧家李渔嗜蟹如命，人称“蟹仙”。李渔在《闲情偶寄》中写到吃蟹时曾大呼：“蟹乎！蟹乎！吾终有愧于汝矣。”螃蟹，螃蟹啊！我到底是有愧于你呀！此话何出呢？原来，李渔感叹他没能在盛产螃蟹的地方做官，不能用俸禄让他敞开了大吃，只能用囊中仅有的钱来买。就算他一天可以买一百筐，除了招待客人外，还要和五十口家人共同分食，最终他能吃到嘴里的实在是有限啊！

寒露

露气寒冷，将凝结也。

第一部分

气象特征

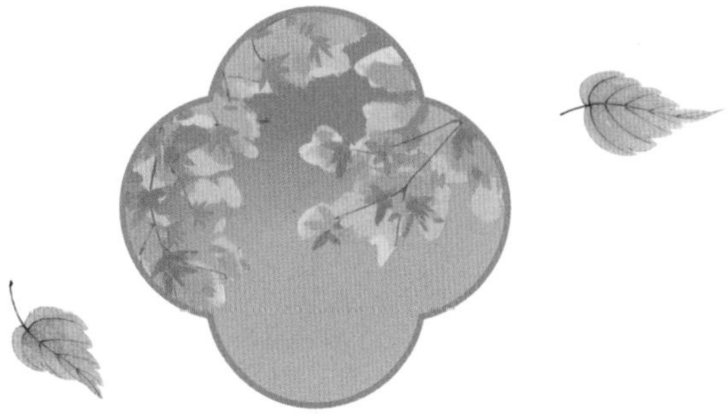

“袅袅凉风动，凄凄寒露零”，白居易在诗中点明了寒露节气的主旨——变冷。“露气寒冷，将凝结也”，寓意天气将要从凉爽转变为寒冷。的确，在这个节气前后，全国大部分地区将进入深秋，东北则可能入冬。除了台湾和华南沿海，我国的台风登陆季节也将结束。寒露比白露晚了一个月，和白露相比，寒露时的露水已有寒意，故而得名。

寒露节气在每年的10月8日前后。这个时期，用“金秋送爽”来形容再贴切不过，也很好地概括了温度和湿度“双降”的天气状况，要格外注意保暖。不过，节气是对天气的提炼和浓缩，而且最适用于古人生活的中原地区。

寒露也表现为气温的大幅波动，由于我国幅员辽阔，比如在有的年份里，华南和福建此时仍然处在炎热的夏天。所以，各地还是要根据气温变化，灵活增减衣物。

金秋送爽

寒露节气时，虽然气温波动幅度大，偶尔还会回暖，但总体上干冷空气越来越强，全国气温越来越低。气象资料显示，寒露时漠河等地的气温已经降到零下5℃以下，大小兴安岭、长白山、阿尔泰山区和青藏高原大部分地区的气温已经低于0℃，长城以北地区气温基本上都低于5℃，长江以北地区气温基本上都低于15℃。而最低气温高于20℃的区域，基本上都在南岭至武夷山以南，只有广东、广西、福建、台湾等几个省了。

东北、新疆、青藏高原一带的人们必须穿棉衣了，在北方其他地方也必须穿夹克外套；除了华南、福建和台湾外，南方地区的人们需要换上长袖，甚至还要准备夹克外套备用。不过此时，华南、福建和台湾仍然在夏季，可以穿短衣短裤，尤其是海南南部和南海诸岛，还是一派盛夏景象。

为什么会形成这种局面呢？这是因为我国的地形多山，冷空气南下要越过重重障碍。第一道屏障就是长城附近的山脉，这也可以解释为何长城内外的气温差别这么大；之后是江南丘陵，最后是南岭和武夷山。当冷空气跨过南岭和武夷山后，本身力量就是强弩之末，再受到温度28℃以上的南海和台湾海峡海水的影响，自然降温能力弱小，无法撼动华南的夏天。

不过，虽然南方温度降幅有限，但湿度下降。寒露节气前后，干冷空气的“降湿”效果再上一个台阶，北方的降水量和湿度在秋分的基础上再打折扣，而南方的湿度急降，尽管温度还比较高，但憋闷炎热的体感一扫而光，再也不会出现类似“回南天”这样的潮湿天气了。人们常常感到秋高气爽，一方面是因为随着降雨减少，天空云量越来越少，所以显得“秋高”；另一方面是由于湿度降低，人体感觉舒爽，谓之“气爽”。

五谷丰登和寒露风

寒露是收获的季节。这段时间，秋熟作物已进入成熟的最后阶段，譬如我们赖以生存的口粮——能制成大米的作物水稻，正在抽穗扬花时期。一般来说，晴天和干燥气候最利于作物成熟，老天爷正好在寒露时赶走水汽，气温不至于很低，降水稀少，湿度降到接近冬天的水平，这些都是农作物成熟和收割的有利条件。对于处在季风气候的中国来说，寒露时节能遇到这样的天气，可以说是“老天爷赏饭吃”。

但凡事总有例外，有一种灾害性天气专以寒露节气为名，它就是“寒露风”。寒露风不是寒露时的风，而是指此时大规模的降温使晚稻抽穗扬花受到影响，从而导致其减产的灾害性天气，分为干性和湿性两种。干性的寒露风，一般是由寒潮爆发性南下导致的，往往伴有大幅度、大范围的降温和狂风，降温和风力都会致灾。湿性的寒露风和连绵阴雨有关，一般风力不大，降温不是太强，但由于均温持续偏低，湿度偏大，对水稻的影响更大。

冷雨和初雪

寒露时，我国大部分地区的雨水都在迅速减少，华北平原10月的降水量普遍比9月再减少一小半，江南和华南10月的降水量比9月少得更为明显，可见水汽减少的程度之大。与此同时，我国大部分地区气温下降的曲线非常陡峭，是天气变冷最为显著的一个节气。因此，寒露节气的雨最符合“一层秋雨一层凉”的意境，通常每次降雨都伴随着大幅降温。从现代气象学意义上说，此时的雨大多是“冷锋雨”，在卫星云图上表现为细长的长条，冷锋过后会导致降温。

当冷雨在高空1500米左右温度降到0℃时，就有可能发生雨转雪或者雨夹雪。寒露节气时，这种天气转变在大小兴安岭、长白山区、青藏高原和新疆阿尔泰山屡见不鲜，甚至湖北神农架、山东泰山等地有时候也会出现下半年的第一场雪。对这些地方来说，寒露意味着冬天的到来。

当然还有一种相反的情况，那就是“台风雨”。众所周知，台风是海洋暖湿气团极盛下的产物，一般在副热带高压的引导下登陆我国，登陆后通常会引进强大的暖湿气流。盛夏时，海洋暖湿气团不如大陆干热气团的温度高，所以台风雨引发的是降温效果；而到寒露时，海洋暖湿气团的温度高于大陆干冷气团，所以此时的台风雨就是“暖雨”了。

“台风王”辈出

在寒露节气，我国大陆地区的温度和湿度都大幅下降时，西北太平洋的台风活动却进入了全年最后一个活跃期，也是台风最强的时期。寒露和霜降节气，是菲律宾以东洋面台风最强的时候。有气象记录以来最强的台风——泰培，就出现在1979年的寒露和霜降节气之间，飞机探测结果表明，它的中心气压低至870百帕。一般来说，气压越低，台风越强。

不过，我国近海的海水温度此时已大幅降低，干空气增多，使得台风到达近海尤其是华东沿海后，力量明显减弱。因此，寒露节气后，福建中部以北的台风登陆季已经结束，台风只能在海南、广东、广西、福建中南部和台湾中南部登陆了。例如，2015年寒露节气前，超强台风彩虹登陆广东湛江，1999年寒露和霜降节气之间，9914号强台风丹恩登陆福建龙海。

第二部分

寒露三候

初候，鸿雁来宾。

二候，雀入水为蛤。

三候，菊有黄华。

初候，鸿雁来宾。

大家应该还记得，白露节气的初候是“鸿雁来”，意思是大雁南飞开始启动；而到寒露时，初候变成“鸿雁来宾”，就是大雁南飞接近尾声。大雁都飞走了，可想而知北方已经冷到何种程度。

二候，雀入水为蛤。

这句话其实有两层意思，但古人把它们连成一句，用了“写意”的手法，算不上科学。第一层意思是说飞雀已经很难见到，这和初候“鸿雁来宾”的含义相似，大雁都飞走了，小鸟也藏起来躲避寒冷；第二层意思是说海边出现了很多蛤蜊，乍一看它们的颜色与飞雀很相像，好似飞雀入水后变成的，实际当然不是这样。

三候，菊有黄华。

菊花是秋天的代表性花卉，菊花盛开，一片金黄，这种景象就是典型的秋季景象。当“菊有黄华”出现时，毫无疑问，中原地区的深秋已经到来了。

第三部分

节气习俗

九月九日忆山东兄弟

［唐］王维

独在异乡为异客，每逢佳节倍思亲。
遥知兄弟登高处，遍插茱萸少一人。

重阳登高

寒露节气的习俗多与重阳节有关。重阳节是我国历史最悠久的传统节日之一，成形于战国时期，唐时被正式定为民间节日，它与除夕、清明节、中元节合称中国传统四大祭祖节日。重阳节为农历九月初九，日期中有重复的两个九，称“重九”，又因古人认为“九”是阳数，因此叫“重阳”。根据谐音，“九九”寓意长长久久，引申为长寿，重阳节被赋予了尊老的内涵，我国把这天定为“敬老节”。

我们都知道重阳节要登高赏秋，但可能少有人知道，它还有个略显感伤的古称，叫“辞青”。古人讲究有始有终，三月三日，春和景明，外出“踏青”，迎回漫山遍野的翠青和新绿；九月九日，秋高气爽，登高“辞青”，向隐退在黄叶红枫中的青绿做一次告别。

插茱萸

《西京杂记》中记载了汉高祖时九月九日宫中的活动：“佩茱萸，食蓬饵，饮菊花酒，云令人长寿。”插戴茱萸是重阳节重要习俗之一。古人把重阳这天的聚会称为“登高会”，除了登山、喝菊花酒，还要插戴茱萸，又叫“茱萸会”。茱萸是一种常绿植物，八九月时结红色的小果，香气浓烈，可以驱虫驱蚊，也可入药制酒。重阳节正值茱萸成熟，人们折下带有果实的茱萸枝，或插于发髻，或放在用红布缝制的香囊里挂在身上，可以避免灾祸，“辟邪翁”就是人们送给它的雅名。

饮菊花酒

“朝饮木兰之坠露兮，夕餐秋菊之落英。”屈原大概是我国第一个以菊花为食的人。此后到了汉代，菊花入药被认为可以延年益寿，人们称其为“寿客”。魏晋时，重阳节饮菊花酒已成为当时的风尚，从宫廷到民间，人人都把菊花酒看作吉祥酒、长寿酒，作为滋补佳品而相互馈赠。由此看来，过节送营养品的礼俗真是历史悠久，至今长盛不衰。菊花酒，即在上一年采来菊花的茎叶，和谷物掺杂在一起酿制，贮藏到第二年九月九日这天再开缸饮用。菊花酒味香清冽，是登高时的必备饮品，“赋诗饮酒，烤肉分糕，洵一时之快事”。

第四部分

花开时节

野菊

［宋］杨万里

未与骚人当糗粮，况随流俗作重阳。
政缘在野有幽色，肯为无人减妙香。
已晚相逢半山碧，便忙也折一枝黄。
花应冷笑东篱族，犹向陶翁觅宠光。

野菊

野菊不是泛指野生的菊花，也不是那些万千姿态的菊花，而是菊科菊属的一个物种，且确实为自然野生，并非人工培育而成，名字就叫“野菊”。如今菊花品种纷杂缭乱，但它们的源头都是华中地区野生的几种菊属野花。据著名科普作家贾祖璋先生的考证，人工栽培的菊花大概由两种野生种培育而成，其中一种就是野菊，后来培育的小花品种都起源于它。

野菊的花期在9月到10月，花色只有黄色一种，在山坡、河边、湿地、田边、路旁等地都很常见。司马光有《野菊》诗道：“野菊未尝种，秋花何处来。羞随众草没，故犯早霜开。寒蝶舞不去，夜蛩吟更哀。幽人自移席，小摘泛清杯。”

洛神

洛神花，正式的名字叫玫瑰茄，原产热带及亚热带地区，二十世纪初引入台湾省栽培，花期在10月到11月，被称为植物界的“红宝石”。洛神花与古代神话传说中的洛水女神并不相关，这是根据它的英文名Roselle音译而来，“玫瑰茄”则是英文名的直译。即便如此，它也担得起这美艳动人的名字。洛神花的花瓣是淡淡的粉色，中间的花心如玫瑰般鲜红。在它未开之时，紫红色的肉质花萼包裹着里面的花苞，采摘后晒干，可以用来泡茶。倒水入杯，玫瑰色在水中渲染开来，朦胧中好似洛神飘散的裙带。洛神花含有大量的天然色素，还常被用来制作果酱、果汁、冰激凌、点心等。

木樨

人们习惯把木樨科木樨属的众多树木统称桂花，实际上，它的代表物种正式名称叫“木樨”。木樨的花期在9月到10月，从秋分一直盛开到寒露时节，此时正值农历八月，八月也叫“桂月”。桂树的树皮灰褐色，纹理与犀牛角的很相像，因而得名“木犀”，后来为了表明其植物属性，变成了带有木字旁的“樨”字；又因其叶子的叶脉形似“圭”字，而得名“桂”。根据开花季节的不同，桂花分为秋桂和四季桂两大类。四季桂长年开花，白色或浅黄色，香气较淡；秋桂为白色的银桂、黄色的金桂和橙红色的丹桂，其中，以丹桂的香气最为浓郁。

桂树是雌雄异株植物，人们多种植观赏性更强的雄株，而结种子的雌株往往生长在山野里。由于种子难见，古人想象在月亮里，吴刚砍伐的那棵仙桂从天上散下种子，才长出了人间的桂树，正所谓“桂子月中落，天香云外飘”。

第五部分

把美好与美味吃进肚

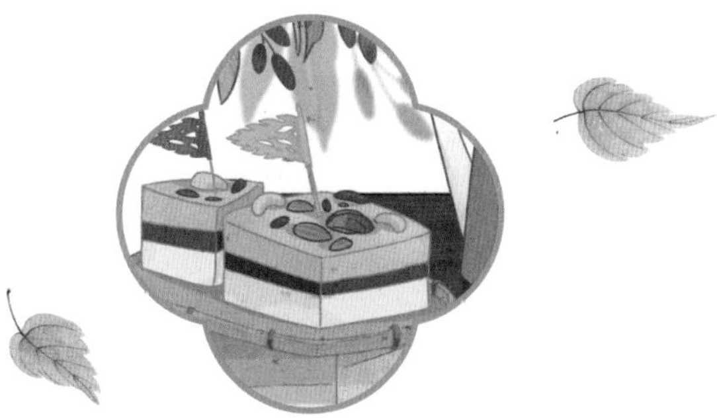

中国的每个节日都有其独特的时令美食，食物成为人们与历史、传说、节气、地域相连接的桥梁，袭传统、寄相思、庆团圆、盼丰收、送祝福、寓吉祥，把美好就着美味一起吃进肚，在体内积聚面对生活的勇气与力量。

重阳糕

中国的每个节日都有其独特的时令美食，食物成为人们与历史、传说、节气、地域相连接的桥梁，袭传统、寄相思、庆团圆、盼丰收、送祝福、寓吉祥，把美好就着美味一起吃进肚，在体内积聚面对生活的勇气与力量。端午节吃粽子，中秋节吃月饼，腊八节喝腊八粥，重阳节则要吃重阳糕。

重阳糕最初叫“蓬饵”，汉代《西京杂记》中有关于重阳糕的最早记载：“佩茱萸，食蓬饵，饮菊花酒。”到了宋代，重阳糕成为重阳节的标配食物。登高是重阳节的重要习俗，而“糕”与“高”谐音，因此重阳糕格外受到人们的青睐。“吃糕”还有一个好处，那就是在没有山可登的平原地区，可作为登高的“替身”，同样取“步步高升”的寓意。明代时，重阳糕被赋予新的内容。在九月九日这天清晨，父母要把重阳糕搭在儿女的额头上，同时说“愿儿百事俱高”，以祝福儿女百事顺利。在清代，宫廷每到年节时令都会举办“节令宴”，重阳宴便是其中之一。由于满汉文化的交融，重阳糕自然是宴席上的必备美食。

重阳糕的配方主要为米粉和各种各样的果料，但是并没有标准样式。古人为了追求美好的寓意，为重阳糕设计了许多新奇别致的造型。例如，将糕制成九层宝塔的形状，塔顶放两只羊，“重羊”正是“重阳”的谐音，若在塔顶放一盏灯，则代表登上最高处；用江米和黄米做原料，制成上下两层两种颜色的糕饼，代表“上金下银”；在糕上放几只面捏的小鹿，称为“食禄糕”，小孩吃了，长大后有做官的福气；在糕上放小象，称为“万象糕”，取“万事万物皆高”的寓意。

重阳糕还有另外一个特点，就是通常会在糕上插一面“重阳旗”。重阳旗的旗面是三角形的彩纸，有的上面绘有龙凤、云纹、水浪纹等图案，象征登高避灾。插上彩旗的重阳糕好不威风，惹得食客忍不住要多买几块。

芝麻

寒露时节，天气进一步迈向寒冷，白露里温润的露珠，此时开始透出寒气。这段时期气温加速降低，雨水减少，气候偏于干燥。古话讲：“秋之燥，宜食麻以润燥。”“麻”指的就是芝麻。寒露一到，市面上各种以芝麻为原料的时令小食便开始走俏起来。

芝麻是一年生直立草本植物，生长在热带以及部分温带地区。花为白色或淡紫色，雌雄同株，形状像迷你的喇叭花，呈穗状有序排列。芝麻的茎是一根中空的“养分输送管”，下面先吸收到养分的地方率先开花，花开的顺序是一节一节自下而上，“芝麻开花节节高”的谚语就由此而来。

据史料记载，芝麻是由张骞出使西域时引入我国，又称“胡麻”，至今已有两千多年的栽培历史。但是也有学者认为，我国的芝麻起源于云贵高原。芝麻虽小，却身居“八谷之冠”，是我国主要的油料作物之一。早在三国时期，人们就已经掌握了从芝麻中炼油的技术。芝麻油香气浓溢，人们干脆直接把它命名为“香油”，而用石磨低温磨制出的香油，就是几乎家家都有的小磨香油，堪称油类中的绝品。

汉代时，人们为了增加面饼的香味，在饼表面撒上芝麻，烤熟后果然有了芝麻的油香气，这种芝麻饼叫“胡麻饼”或“胡饼”。《太平御览》转引《续汉书》中记载：“灵帝好胡饼，京师皆食胡饼。”上到皇帝下到平民百姓，都对胡饼情有独钟。唐代时，胡饼风靡长安城。白居易在《寄胡饼与杨万州》一诗中写道：“胡麻饼样学京师，面脆油香新出炉。寄与饥馋杨大使，尝看得似辅兴无。”白居易买到了类似长安名店辅兴坊制作的胡饼，想起嘴馋的好友正在万州当刺史，决定寄给他品鉴一番。看来，热衷与好友一起分享美味，这份情谊古来有之。

小小的芝麻穿越在历史长河中，所到之处受到人们的热烈欢迎，芝麻制品层出不穷，芝麻糊、芝麻酱、芝麻糖、芝麻酥、芝麻绿豆糕……或许真如《一千零一夜》中的故事《阿里巴巴和四十大盗》所讲，“芝麻开门”是一句有魔力的咒语，只不过咒语开启的不是藏有金币的山洞大门，而是舌尖上新鲜的体验之门。

霜降

气肃而凝，露结为霜。

第一部分

气象特征

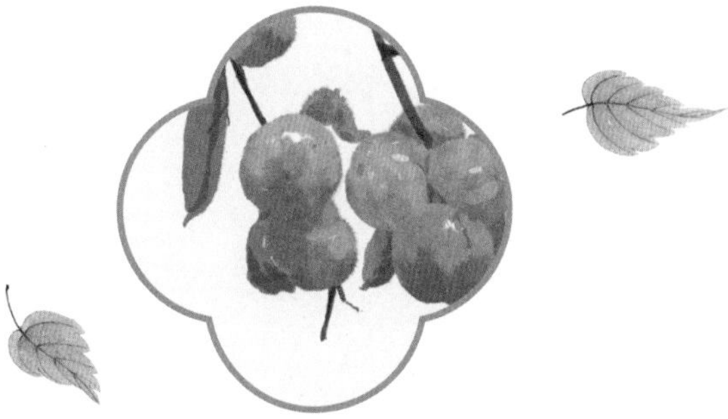

毛泽东《沁园春 · 长沙》中的名句“万类霜天竞自由”，是霜降节气的最佳代言诗句，它将霜降和晚秋景象紧密地联系到一起。对于此时的萧瑟景象，不少文人都为它留下了千古名句，如“气肃霜降渐冷凉”，再如“霜降春林花委地”，还有大家都熟悉的“月落乌啼霜满天”等。

霜降是二十四节气中的第十八个节气，也是秋季的最后一个节气。一般来说，霜降在每年的 10 月 23 日或 24 日。

霜是水汽在物体表面凝华而成的冰晶。顾名思义，冰晶通常要在物体表面温度降到 0℃以下时才能形成，不然就化成水了。霜降时，寒潮南下，气温急降，水汽大幅减少，要注意经常补水，吃滋润的水果。霜降节气象征着寒冷的晚秋，冬天离我们更近了。

霜降之风

早在霜降节气之前，冬季风就已席卷全国，甚至直达南海诸岛。从霜降节气起，北风的风力进一步增强。根据气象数据统计，白露、秋分和寒露节气，全国虽然也是北风呼啸，但总体来说风力很小；霜降时这种局面发生了改变，呼啸的北风开始变得凌厉，秋天的萧瑟逐渐被冬季的严酷所取代。

从温度上说，寒露节气时冬天已经控制了塞外，“关内”也即将大踏步进入冬季，所以这时的塞外之风，温度都在0℃以下，任你怎么压榨都很难出一滴水。这样的风扫过之处，树叶全落，花草枯萎，人的脸蛋、嘴唇、皮肤也会皴裂，要注意防燥。

当然也有例外。霜降时，海南、广西、广东、台湾南部和闽南有时候会吹东南风，甚至还可能出现台风。譬如，2016年10月21日，台风海马在广东汕尾登陆，是10月下旬登陆该省的最强台风。在海马到来之前，广东、海南、台湾和福建就刮了好几天东南风，海马登陆后，粤东地区南风猛烈，并下起了大暴雨。

霜降阳光

为什么霜降之风如此严酷？首要原因是，太阳辐射没那么强了，我国收到的热量没那么多了。霜降时，太阳直射点已经到了南纬7度到8度之间，我国接收到的太阳辐射大幅减少，而且在霜降之后还要继续减少下去。北方日照时间短暂，早晚的阳光暖意不在；而南方的日光相对好一些，海南岛、广东沿海、台湾南部如果天气晴朗，在中午仍然可以烈日当空。

阳光的减少，是气温下降、气团变化、风力和风向变化的最重要因素。在我国以北的西伯利亚，太阳辐射量越来越少，加之没有海洋水体调节，这里逐渐变成一个大“冰库”，从霜降时起气温就长期保持在0℃以下。立冬后，西伯利亚的冰库将打开大门，释放出第一股寒潮，让全国急剧降温。

霜降气温

霜降时，现代气象学意义上的秋季范围有所缩小，冬季范围迅速扩张，正准备控制西北、东北、华北等地区，因此霜降是秋天的最后一个节气。一方面，太阳辐射减弱，冬季风南下；另一方面，南方东西排列的山脉对天气有显著的影响，不容忽视。

我国常常在这个时期迎来全年第一股寒潮。所谓寒潮，就是强冷空气大举南下，导致大范围的、剧烈的降温天气像潮水一般铺天盖地袭来。需要注意的是，降温必须范围够大，降温够猛，也就是最低气温够低，两个条件缺一不可，才能称为寒潮。

不过，霜降的主题词不仅仅是寒潮和降温。华南、福建、云南和四川的干热河谷地区仍然是夏天，可以出现气温30℃以上的炎热天气，有时甚至能达到高温标准。如2019年的霜降节气，云南元江气温高达35℃，堪称顶级“秋老虎”。因此，在霜降时，我国经常会出现南北温度差别巨大的情况，最北端的漠河和最南端的三亚温度之差有时甚至可达40℃以上。

霜降雨雪

由于寒冷干燥的冬季风作用，霜降时我国大陆上的水汽明显减少，导致秋燥升级。仍然以北京为例，当地10月的月平均降水量只有24毫米。不仅北方如此，南方也是如此。福州和广州10月的月平均降水量都比9月减少了一半以上，空气湿度大幅降低，闷热湿热的感觉荡然无存，继续保持秋高气爽。

在西南，华西秋雨接近尾声。西风带已经越过青藏高原，因此冷暖空气不会在四川、重庆一带交汇，这些地区的降雨减少，湿度也大幅降低。但值得一提的是，东北地区由于冷涡频繁活动，这里在霜降时降水减少的幅度没有那么大，有可能出现猛烈的暴雪，甚至可能出现强对流天气。如2019年的霜降节气，兴安盟的阿尔山降雪量达33.7毫米，是最高级别的特大暴雪。同时，辽宁营口至鞍山一线出现飑线，雷雨、大风、冰雹随后抵达。

由于我国有冬季风“金钟罩护体”，霜降节气时的台风往往袭击太平洋中的小岛、菲律宾以及日本，很少到达我国。不过凡事总有例外，1949年以来，霜降节气及之后登陆我国的台风仍有20多个，产生间接影响的更多，譬如2016年登陆我国的海马、2019年影响我国的玉兔等。值得注意的是，霜降节气出现的台风往往强度很大，有很强的致灾能力。

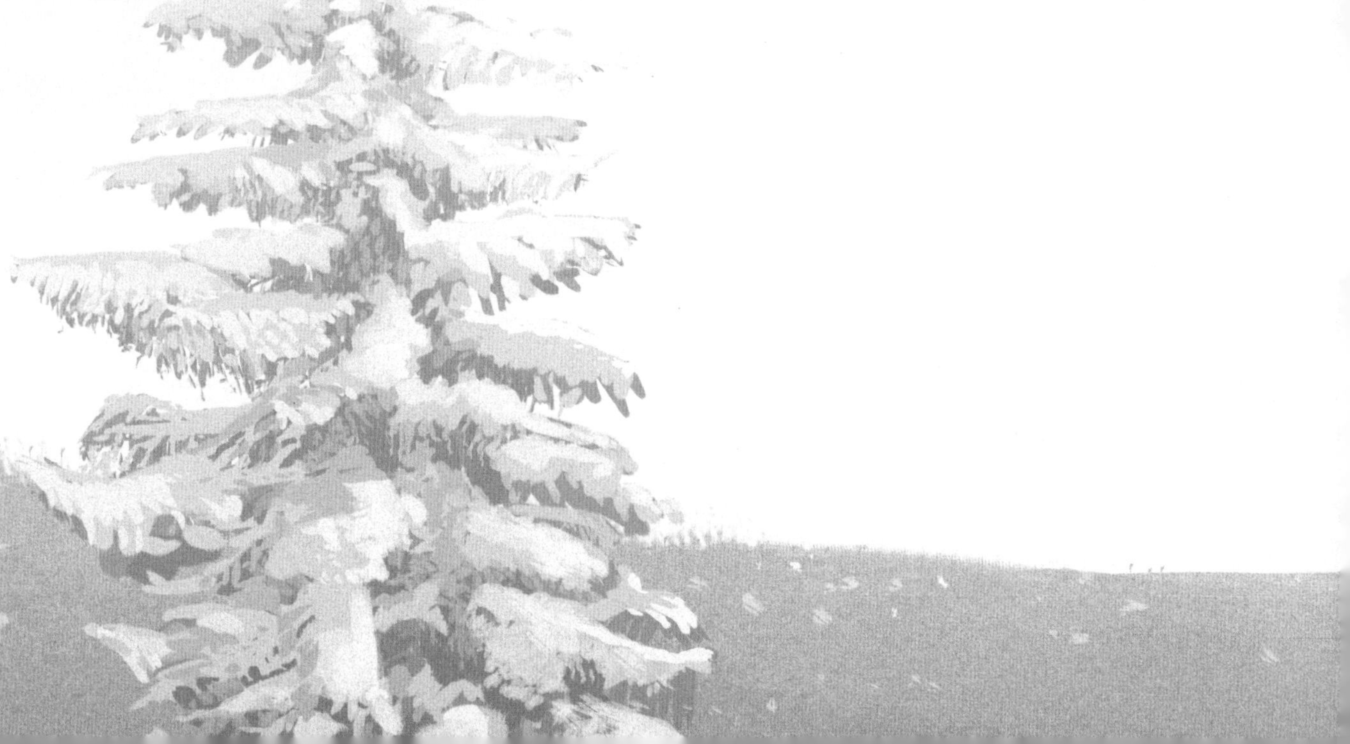

第二部分

霜降三候

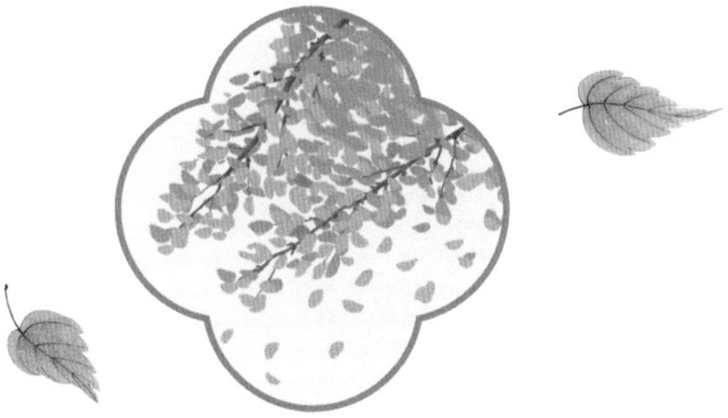

初候，豺乃祭兽。

二候，草木黄落。

三候，蛰虫咸俯。

初候，豺乃祭兽。

豺，即豺狼，是著名的食肉动物。在天气转冷、冬天要到来的时候，豺狼会加紧捕获猎物，并把猎物们摆放在地上，犹如祭祀一般，这就叫“祭兽”。食肉动物对冬季的食物短缺有敏锐的感知力，豺狼祭兽的时候，说明冬天真的快要来了。

二候，草木黄落。

寒霜降临之时，树叶掉落，草木枯黄。正所谓“寒霜杀万物”，当物体表面的温度低于0℃、寒霜凝结之时，植物欣欣向荣的生长季就结束了。它们将营养和能量储存在树根、草根之中，以备来年春天重获新生。

三候，蛰虫咸俯。

“咸”意为“都”，“俯”是低头的意思。“蛰虫咸俯”是说虫子都躲藏在洞中，低下头什么事也不做，也就是冬眠的状态。在霜降时刻，虫子已经做好了冬眠的准备，生为万物之灵的人类，也顺应天时，进补、添衣，准备过冬了。

第三部分

节气习俗

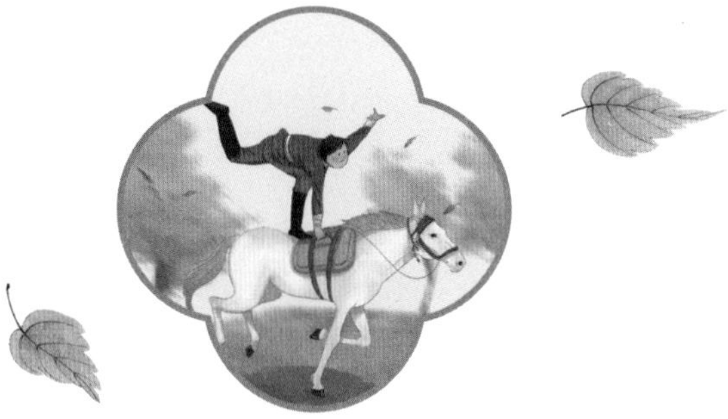

霜降前四日颇寒

［宋］陆游

草木初黄落，风云屡阖开。
儿童锄麦罢，邻里赛神回。
鹰击喜霜近，鹳鸣知雨来。
盛衰君勿叹，已有复燃灰。

打霜降

古代有“立春开兵，霜降收兵”的习俗。每年在霜降来临前，各地府、县的总兵和武官们穿戴好整齐的盔甲，手持兵器，由标兵打头阵，伴随着奏乐声，声势浩大地从县衙出发，一路来到教场演武厅，在那里举行盛大的收兵仪式。待到霜降日五更时，武官们在庙中行祭拜大礼，之后，有队列向空中放三响空枪，接着再打火炮等，这就是“打霜降”，以祈愿国泰民安。

骑术表演

明代和清代，官府在霜降这天举行“祭旗”仪式和阅兵大典。典礼上最受瞩目的就是由骑兵进行的骑术表演，根据古代文献中的描写，表演难度之高，场面之惊险，不得不让人称奇叫绝。明代田汝成在《西湖游览志馀》中记述了当时的场景：“有飙骑数十，飞辔往来，呈弄解数，如‘双燕绰水’‘二鬼争环’‘隔肚穿针’‘枯松倒挂’‘魁星踢斗’‘夜叉探海’‘八蛮进宝’‘四女呈妖’‘六臂哪吒’……穷态极变，难以殚名，腾跃上下，不离鞍蹬之间，犹猿猱之寄木也。”这番场景，如今恐怕只有在经过技术处理的影视剧中才能见到了。

斗牛

霜降节气里的斗牛活动，主要盛行在广西、贵州、云南以及浙东的义乌、金华等地区。比赛通常在两个村寨之间进行，严谨又热烈。被选中参赛的牛将迎来“牛生”中最好的日子，每天有专人负责喂养清理，饮食标准大幅提升，甜酒、糯米、粥饭、嫩草，甚至还有人参汤。比赛当日，村民们盛装出席，号响笛鸣。为了避免牛蹄受伤，赛场选在土软的水田里。赛前双方派代表给牛“搜身”，检查牛角里是否藏有暗器，还要给牛饮酒以激发其斗志，再用树叶遮住牛眼。比赛正式开始后，迅速将树叶拿掉，两头牛立刻斗在一起，不多时便可分出胜负。获胜的牛身披红袍，牛角上戴着银套，被村民们一路高歌护送回家。

第四部分

花开时节

木芙蓉花下招客饮

［唐］白居易

晚凉思饮两三杯，召得江头酒客来。

莫怕秋无伴醉物，水莲花尽木莲开。

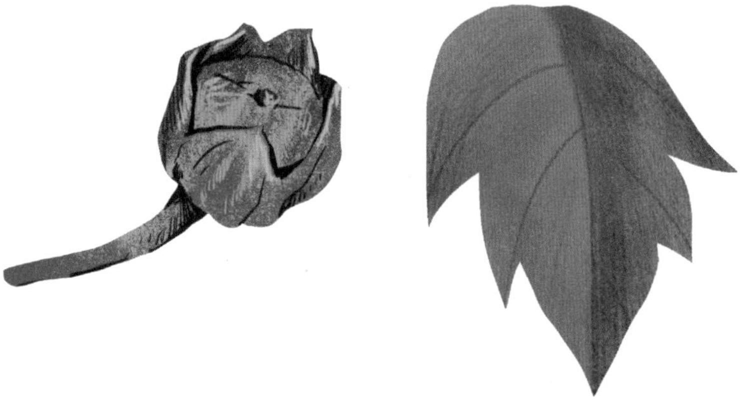

木芙蓉

在有“芙蓉”之名的花里，“水芙蓉”荷花自然是最著名的。虽然名字只差一个字，木芙蓉和水芙蓉可没有半点儿关系。荷花是莲科莲属水生植物，木芙蓉是锦葵科木槿属灌木，前者夏季开花，后者在8月到10月的秋季开花。

和使君子一样，木芙蓉的花也能变色，有的品种变色堪称神速，从早到晚能换三种颜色。清晨花开白色，白天变为粉红色，晚霞又变深红色，由此得名“醉芙蓉”。王安石将它比喻为“美人初醉”，几杯酒喝下，白皙的面颊便泛起红晕来。木芙蓉多生长在长江流域和华南地区，是秋末冬初里少有的开花植物，古人赞其“花如人面映秋波，拒傲清霜色更和”，又称它为“拒霜花”。

番红花

番红花是鸢尾科植物，原产欧洲南部和亚洲西南部，干制番红花在古代曾由印度经西藏传入中原，所以又叫“藏红花”。番红花的花期在10月到11月，每根花茎顶端生有一至两朵花，呈淡蓝色、紫红色或白色，花瓣上有一道道深紫色的脉纹，粗细相间，十分精致。橙黄色的花柱可制成世界著名香料，这让番红花身价大涨。一朵花只有一根细小的花柱，因此这种原料非常昂贵，若按重量计算，甚至有时能超过黄金的价格。

我国大约在明代才开始番红花的栽植，但早在汉、唐时期，西域、印度来的使者就将番红花香料作为贡品进献中原，古人称为“郁金”，为当时盛行的熏香，诗人卢照邻就曾留下“双燕双飞绕画梁，罗帷翠被郁金香”的诗句。

龙胆

龙胆的花期很长，能从5月一直开到11月。身为多年生草本植物，龙胆外表看似弱不禁风，其实生命力顽强，即使过了霜降时节，依然傲立于寒风之中。《本草纲目》中形容它：“叶如龙葵，味苦如胆，因此得名。”龙胆花簇生在枝顶和叶腋处，形状好像钟唇外张的梵钟，只是倒了过来钟口向上，花瓣淡蓝色或蓝紫色，有时喉部生有黄绿色的斑点。野生龙胆是一种高山花卉，多长在两山之间的高坡上，也许是因为在它生长的地方常有流水，古人又把它叫作“陵游”。若是把“龙胆”和“陵游”两个名字放在一起，有龙游于山间，联想起来别有趣味，这就是古人起名的高妙所在吧。

第五部分

饱经风霜后的礼物

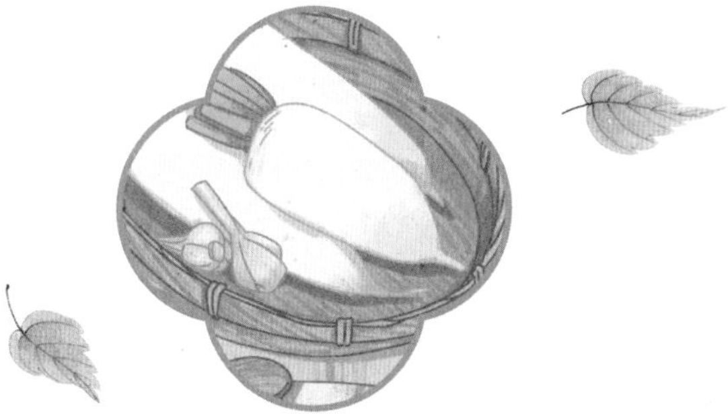

在秋天最后一个节气里，水汽终于凝结为白色的霜晶，霜晶落在草木、作物、地面上，称为“打霜”。秋霜甜了萝卜，也蜜了柿子，“饱经风霜”后生发出的甘甜，是大自然馈赠的礼物。

萝卜

在秋天最后一个节气里，水汽终于凝结为白色的霜晶，霜晶落在草木、作物、地面上，称为“打霜”。“霜降拔萝卜，立冬起白菜。”汉代农学著作《氾胜之书》中记载：“芸苔足霜乃收，不足霜即涩。”这里的“芸苔”指的是萝卜，意思是萝卜最好经过打霜后再收割，没经过打霜的萝卜吃起来会有苦涩的味道。

对于非耐寒性植物而言，霜和低温是一对双生的“杀手”，使这些植物在萧萧秋风中黯然凋落。但对于萝卜这类含有淀粉的蔬菜来说，霜和低温是它们体内御寒机制的“启动器”。以打霜为信号，蔬菜中的淀粉在淀粉酶的作用下水解变成麦芽糖，麦芽糖再经过麦芽糖酶的作用变成葡萄糖。葡萄糖溶解在水中后，蔬菜的细胞就不容易被冻坏。由于葡萄糖是甜的，此时的萝卜吃起来又清脆又甜润，这是“饱经风霜”后生发出的甘甜，是大自然馈赠的礼物。

萝卜属十字花科植物，是世界上一种古老的栽培作物，在古代被称为“莱菔”“芦菔”。“萝卜青菜，各有所爱”“白菜萝卜保平安”“十月萝卜小人参”“萝卜上市，郎中没事”……从这些五花八门的谚语和俗语中就能看出，萝卜不愧号称中国人餐桌上的“当家蔬菜”，而其中很大原因在于它的药用价值。

有关萝卜的历史故事也十分有趣，宋代朱弁的《曲洧旧闻》中就有这样的记载。有一次，苏东坡对他的好友刘攽说：“我和弟弟为制科考试做准备时，每天以‘三白’为食，那味道简直太鲜美了，世间的山珍海味也不过如此。”刘攽很好奇，问什么是“三白”？苏东坡答道：“一撮盐，一碟生萝卜，一碗饭，乃三白也。”刘攽听后哈哈大笑。萝卜可为清贫者填饱肚子，还善于“变身”后登上大雅之堂。相传，洛阳东关菜地里曾长出一棵特大号的萝卜，有人将它进献给当时的皇帝武则天。武则天命御厨做成菜肴，御厨想到萝卜与燕窝颜色相近，便将它切丝，佐以其他珍贵食材，做成汤羹，鲜美度与燕窝比毫不逊色，武则天赐名“假燕窝”。传说不知真假，但洛阳水席中有一道菜就叫“真命天子假燕窝”，用萝卜、粉条等素菜做出荤菜的外形与口感，足能以假乱真。

柿子

秋霜甜了萝卜，也蜜了柿子。“不经霜打，柿子不甜”，“霜降不摘柿，硬柿变软柿”。古老的谚语诉说着柿子的最佳采摘期，“霜降吃柿子”成为民间广为流传的习俗。在南方泉州等地，还有“霜降吃丁柿，不会流鼻涕”的说法。

秋风一阵寒似一阵，橙色的柿子高挂枝头，把碧蓝的天空点缀得格外亮眼，这一蓝一橙的互补色能让人出神地看上许久。视觉满足了，味觉和嗅觉也等不及了。“秋入小城凉入骨，无人不道柿子熟。红颜未破馋涎落，油腻香甜世上无。”在这首《秋日食柿》的作者眼中，柿子的香甜世上无双。除了鲜柿，挂着糖霜的柿饼也别有一番风味。

制作柿饼要先将柿子去皮晒干，随着水分蒸发，葡萄糖与果糖从柿子内部慢慢渗出，在表面凝结成白色的结晶物，这层甜甜的白霜就是“柿霜”。为了使柿饼顺利出霜，传统的方法是将它们放入缸中，一层柿饼一层干柿皮，交替堆起，然后把缸封口，放在阴凉处捂霜。柿饼吃起来外皮稍硬，但很有嚼劲，里面则绵绵软软，甜甜腻腻。

明代文震亨所著《长物志》中写柿树有七个特点：“一寿，二多阴，三无鸟巢，四无虫，五霜叶可爱，六嘉实，七落叶肥大。”柿树长寿，寿命可达两三百年，果实饱满丰润。除了这七个绝好的特点外，“柿”又与“事”“世”“市”谐音，自古以来，人们就将柿子视为吉祥的象征。古代许多宫廷建筑周围都栽有柿子树，汉代有一种金币因外形类似柿饼，取名“柿子金”。

在民间，霜降时节，一些人家会同时买来柿子和苹果，寓意“事事平安”，商人们则买柿子和栗子，取“利市”之意。齐白石老人出了名的爱画柿子，自称“柿园先生”。柿子与芋头画在一起，取名《事事遇头》，遇事总能柳暗花明；另外，还有《事事清白》《三世太平》《五世同甘》等众多柿子画。他在九十岁高龄时画下《六柿图》，旁边题字“枫林亭村童年近九十”。童年的柿子，年龄再大依然念念不忘。